新型职业农民科技培训教材

淡水水产养殖实用技术

主　编　王尤江
编　写　王尤江

电子科技大学出版社

图书在版编目（CIP）数据

淡水水产养殖实用技术 / 《新型职业农民科技培训教材》编委会编. —成都：电子科技大学出版社，2013.8（2023.11重印）
新型职业农民科技培训教材
ISBN 978-7-5647-1826-8

Ⅰ. ①淡… Ⅱ. ①新… Ⅲ. ①淡水养殖－技术培训－教材 Ⅳ. ①S964

中国版本图书馆CIP 数据核字（2013）第189433 号

新型职业农民科技培训教材
淡水水产养殖实用技术

《新型职业农民科技培训教材》编委会　编

出　　版： 电子科技大学出版社（成都市一环路东一段159号电子信息产业大厦 邮编：610051）
策划编辑： 辜守义
责任编辑： 辜守义
主　　页： www.uestcp.com.cn
电子邮箱： uestcp@uestcp.com.cn
发　　行： 新华书店经销
印　　刷： 郫县犀浦印刷厂
成品尺寸： 130mm×195mm　**印张** 6.375　**字数** 130 千字
版　　次： 2013 年 8 月第一版
印　　次： 2023 年 11 月第八次印刷
书　　号： ISBN 978-7-5647-1826-8
定　　价： 12.00 元

编者的话

为贯彻落实中央1号文件和全国农业科技教育工作会议精神，加快培育新型职业农民，推进现代农业发展，保障国家粮食安全和主要农产品有效供给，“以传播农业知识，提高农民素质，促进农业生产，增加农民收入”为宗旨，我们组织有关职业技术院校的涉农专业教师和长期从事农业技术推广工作的资深专家，编写了这套具有较强针对性和实用性，又便于农民朋友学习、提高的培训教材，供各地开展新型职业农民培训时选用。

该套教材采用了国家最新标准、法定计量单位和最新名词、术语，并注重行业针对性和实用性，力求做到内容浅显易懂、图文并茂，让农民朋友易于学习、掌握。该套教材共涵盖种植、养殖、加工、农产品安全等四个大类，共20多种，是目前国内同类教材中最新的一套培训系列教材。

由于编写时间较为仓促，教材中难免存在不足和错误，诚望各位专家和广大读者批评指正。

《新型职业农民科技培训教材》编委会

2012年7月

目　录

第一章

成鱼养殖

成鱼养殖是指将鱼种养成食用鱼的生产过程。养殖方式包括常规养殖（传统养殖），即池塘、水库、河堰、稻田养鱼和集约化养殖即网箱、流水、工厂化养鱼。池塘养鱼是其他各种养殖方式的基础，其基本原理既适用于各种养殖方式，也适用于名优水产品种的养殖。

本章仅介绍池塘、水库、网箱成鱼养殖技术及鱼病防治技术。

第一节 池塘养鱼

池塘养鱼指山平塘和专用塘养鱼。池塘面积不大，具有投资小，收益大，饵料分散易解决，生态环境易为人力控制，适宜精养高产的优点。

一、池塘养鱼的特点及生产周期的确定

池塘养鱼是在人为能动的干预下，通过人工放养组

成水体中互利的生物区系；通过投饵、施肥及其他综合措施改造水体环境，使之适合养殖品种快速生长、发育之需，从而产出量多，符合商品规格，质优、味鲜、多样的水产品，获得良好的经济效益。

养殖生产周期主要由四个因素确定：一是市场需求的商品规格大小；二是养殖品种的生长特性，包括养殖品种、放养比例、密度、规格、质量等；三是养殖方式，饲养的技术管理、设备条件及水平。四是市场商品价格的规格差、季节差。

确定养殖生产周期时，要综合评估，最终以纯利润作为确定的主要依据。

二、池塘养鱼高产高效的基本原理

人工养殖条件下的池塘作为一个半封闭式的生态系统，既受生态系统结构和功能规律的支配，同时又受人为因素的影响。鱼类除与环境因素发生联系外，不同鱼类之间、同种鱼类与鱼类之间也是相互联系、相互制约的。由于空间竞争和食物竞争的存在，因此选择好放养对象，适当地搭配比例、密度、规格和质量，利用其互利的一面，建立起良好的生态平衡是十分重要的。从图 1－1 可见，各种鱼类分布的空间和食性不同。同一水域，由于鱼类之间的相互作用，提高了对天然饵料利用的潜力。由于池塘本身的天然饵料有限，在人为补充物质和能量的条件下，保证了鱼类的正常生长。适当地投入和恰当地捕出，维持了水体最大生产力，就可以大幅度地提高鱼产量。

池塘生态平衡，还有一个重要的环节是氧气（图1－2)。

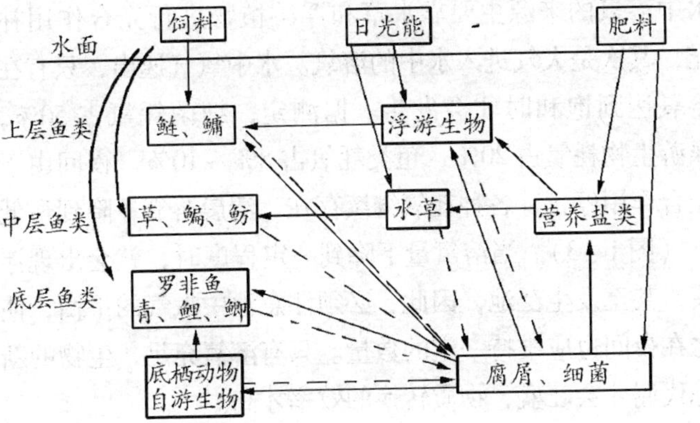

图1－1 人工养殖池塘生态系统结构功能

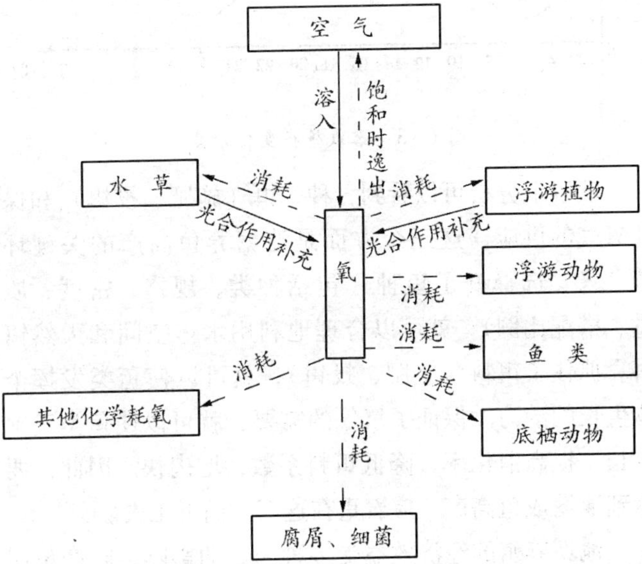

图1－2 水中氧气来源及耗氧关系

水中溶氧的来源主要靠水草和浮游植物进行光合作用补充，其次是大气进入水中的溶氧。水中氧气逸出，只有在溶氧达到饱和时才会发生。据测定，细菌耗氧占50%，浮游生物耗氧占20%，鱼类耗氧占8%～10%。夜间由于光合作用停止，各种耗氧继续存在，清晨溶氧下降到最低点（图1－3）。当溶氧量下降到一定程度时，就会出现浮头，甚至发生泛池，因此，必须注意池中氧气的平衡，使之在夜间也应维持一定的数量。只有溶氧充足，生物的新陈代谢才会旺盛，物质转换的效率才高。

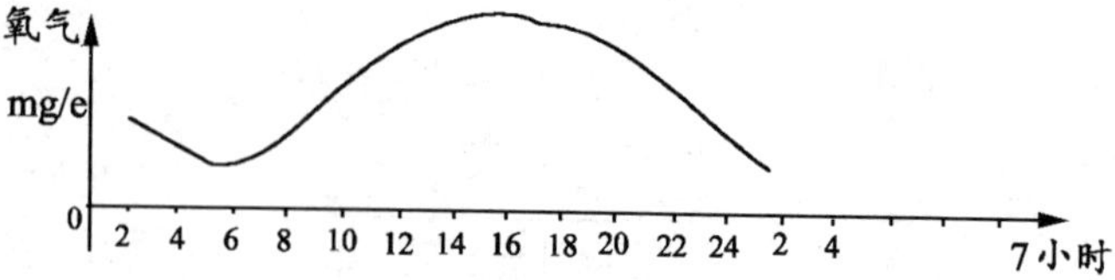

图1－3　溶氧昼夜变化示意

从以上分析可以看到，种、饵（施肥、投饵）和保证氧气的供应，这三个方面是池塘养鱼高产的关键环节。只要选择好了鱼种（包括种类、规格、密度、质量、搭配比例），就可以合理地利用水体空间和天然饵料。抓住了饵料（施肥、投饵），就可以使鱼类发挥个体生长的潜力。保证了氧气的需要，就可以使鱼类正常生长，提高消化率，降低饵料系数，增肉快。因此，要达到池塘成鱼高产，应着重在这三方面下工夫。

池塘养殖的经济效益受多种因素的影响，除产量因素外，主要受养殖成本和产品品种价格、规格价差、季节价差的影响。养殖成本，以种和饲料占的比重最大，约占70%，病害防治的效果和成本有时也严重影响养殖的经济效益，特别是在名优水产品养殖和集约化养殖中，更是如此。因此，提高养殖的经济效益，应在种、饵、氧、销售价和鱼病防治上多下工夫。

三、池塘养鱼高产高效的措施

“八字”精养法包括水、种、饵、密、混、轮、防、管八个方面的内容。这八个方面是相互联系、互相依存、互相制约、互相促进的有机体，只有全面理解并认真做到，方能稳产高产。

(一) 鱼池环境条件及其改良

池塘环境条件的优劣，直接影响鱼类和其他生物类群的生长、繁盛，影响其产量和质量，因此，改造鱼池使之利于技术、经济措施的落实，以使养殖鱼类快速生长和品质提高是十分重要的。

1. 鱼池条件

鱼池应向阳，光照充足，水源有保证，水质达到国家渔业用水标准，注排水方便。池形整齐，东西向，长方形，不漏不垮。池埂坚固，并高出水位0.5米以上，底部平坦，淤泥适量。交通便利，通讯、电力供应条件具备。

一般来说，成鱼养殖池面积10亩（1亩约等于667平方米，下同。）以上为好，以水深2.5米左右为宜。

已经建成的鱼池和山平塘，为了给养殖鱼类创造一个良好的生态环境，应尽可能予以改造。如小塘改大塘，浅塘改深塘，漏水塘改稳水塘，死水塘改活水塘等都是行之有效的措施。

2. 池塘的清整

清整的重点是平整池底，挖去池底过多的淤泥，清除池内及池壁的杂草，消灭病菌和敌害，修补塘埂，堵漏，维修拦鱼设备等。

用于鱼池消毒的药物种类很多，生石灰消毒的效果最好，现介绍如下：

生石灰（CaO）清池消毒：生石灰遇水后发生化学反应，放出大量热能，生成氢氧化钙，在短时间内使水的 pH 值迅速上升到 11 以上。不仅能杀死野杂鱼、蛙卵、蝌蚪、水生昆虫、鱼类寄生虫和病原体等敌害生物，而且能中和淤泥中的酸性物质，促进有机物的分解释放，增加池水中的营养盐类；还可以增加水中钙的含量，提高水中二氧化碳的储量，增强池水调节游离二氧化碳和酸碱度的能力，从而改善水质，利于饵料生物和鱼类的生长。

生石灰清池消毒的方法有两种：

（1）干塘清塘　排掉池水至池中水深 7 ~ 10 厘米，在池底四周挖几个小坑，每亩按 70 ~ 100 千克的用量，倒入坑内，加水化开，一边化，一边全池泼洒，使池底和池壁上都均匀地有一层石灰浆。次日再用铁耙将塘底淤泥耙动一遍，使石灰浆与淤泥充分混合。

（2）带水清塘　对无法排干池水或排水后没有水源补充的地方（尤其是山平塘），采用带水清塘。每亩水深 1 米，用生石灰 120 ~ 150 千克。用稀箩筐装上生石灰，在池中来回拖动，使其均匀地溶解在水中。质量好的生石灰为块状，较轻，不含杂质，遇水后反应剧烈，体积膨大。已潮解的石灰不宜用于清塘。清塘的效果以pH值10~11的时间持续2小时以上为宜。

生石灰清池消毒的药力消失期为5~7天。经试水后确定药物的药性已经消失后方可放鱼。

（二）鱼种放养

鱼种是成鱼生产的物质基础，要做到种类组成搭配比例合理，品种优良、体质健壮、密度适宜、放得早。

1. 养殖品种的确定

养殖品种主要依据市场需求，池塘的水源条件、增氧条件和水温条件，占有饲料的种类、数量、价格，可能的产量和产品市场价格，苗种来源的可能性，饲养管理技术水平等确定。总之，应以纯利润为指标来综合确定。

如水源条件好或增氧条件具备，可以养殖需氧量高的鳜鱼、长吻鮠等；水源条件差的可养殖泥鳅、黄鳝、蟹、螺等；有温泉水、工厂余热水的，可养尼罗罗非鱼、巴西鲷等；温度较低的，可养殖虹鳟；水草多的，可养草鱼；螺蛳多的，可养青鱼；小杂鱼多的，可养殖鲈鱼、乌鱼等肉食性鱼类。只有依据自身的实际情况综合比较进行选择，才能获得良好的经济效益。常见养殖鱼类见图1-4。

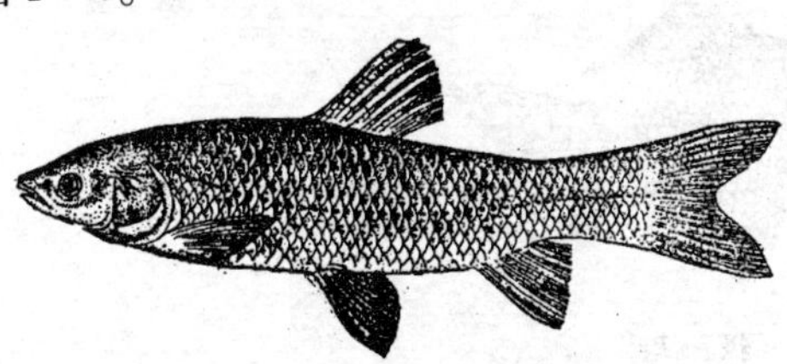

青　鱼

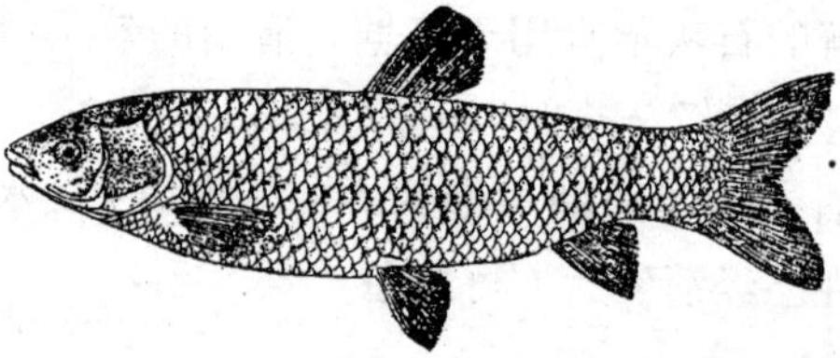

草 鱼

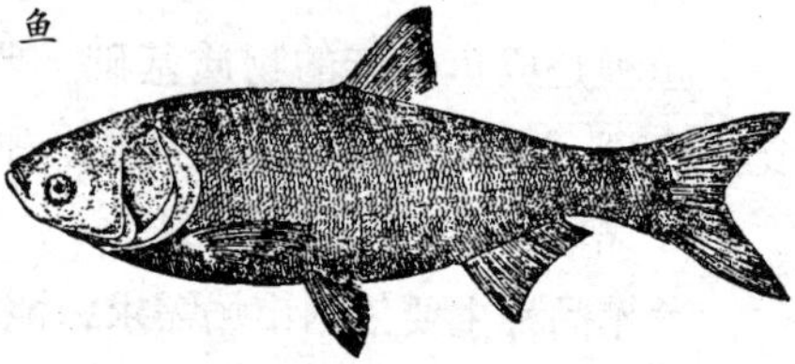

鲢 鱼

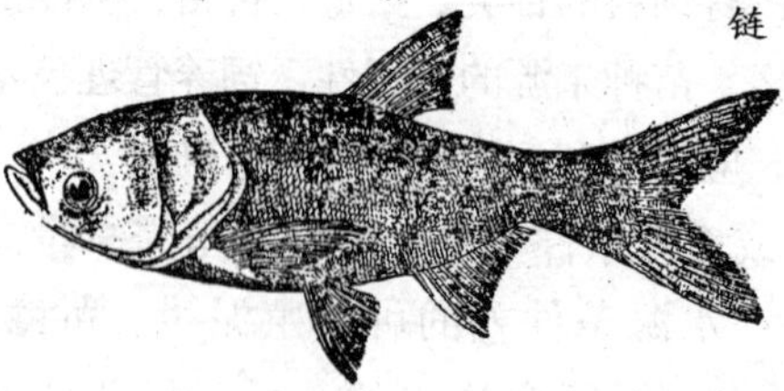

鳙 鱼

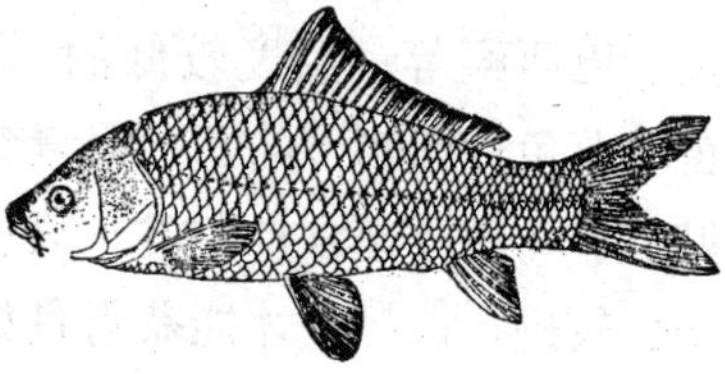

鲤 鱼

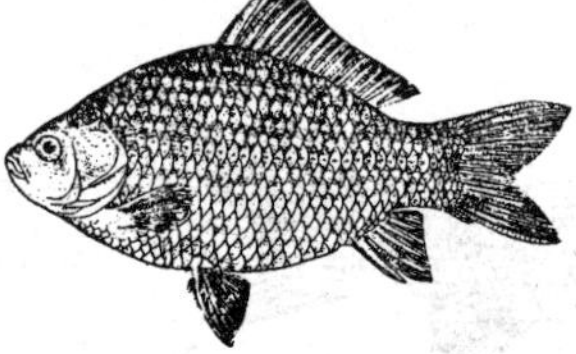

银 鲫

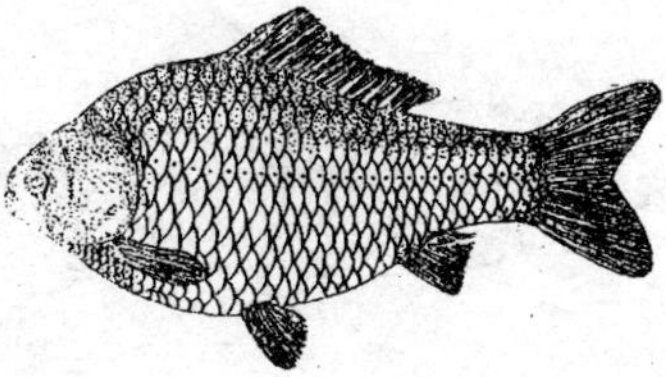

白　鲫

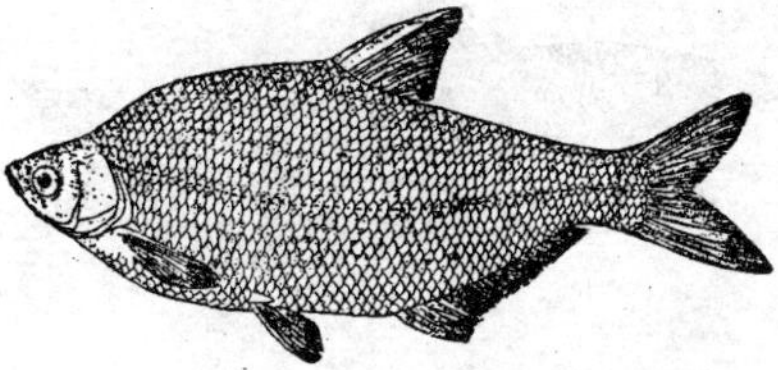

鳊　鱼

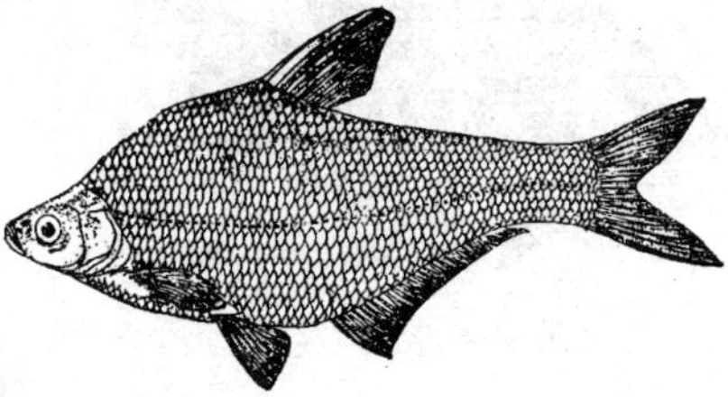

三角鲂

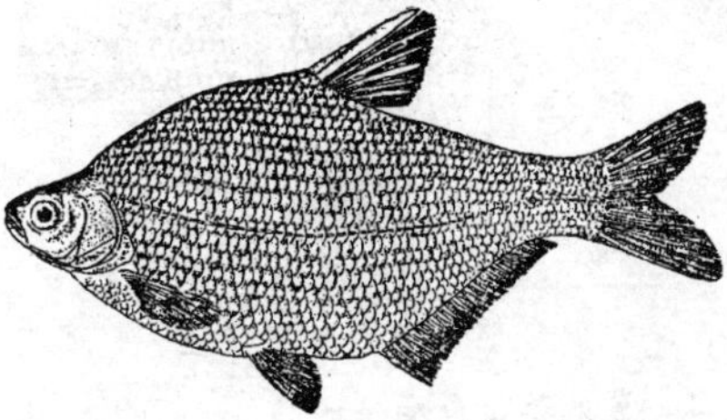

团头鲂

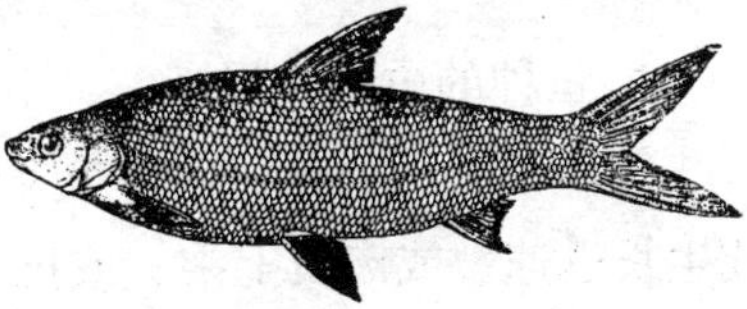

细鳞斜颌鲴

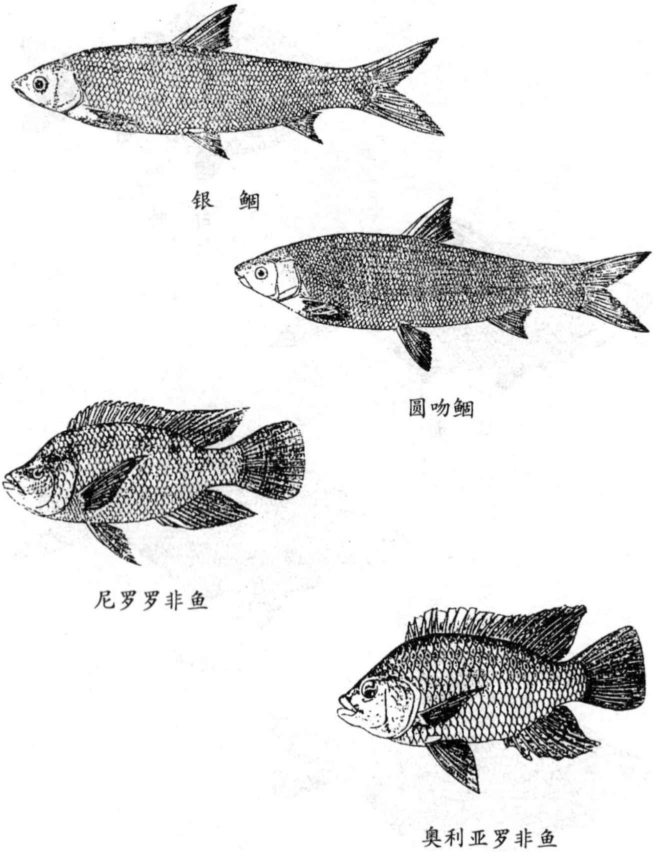

图 1-4 常见养殖鱼类

2. 鱼种的质量及规格

（1）鱼种的质量 同种鱼类中应选择优良品种，即或生长迅速、或肉质上乘、或抗病力强，总之具有优良的性状。鱼种的优劣对成鱼生产的好坏有直接关系。选择鱼种，首先要选择好亲鱼，俗话说，“娘壮儿肥”。亲鱼必须符合规范标准，四大家鱼为长江水系，非近亲交配，人工繁殖过程正常。鱼苗、鱼种培育中加强饲养管理，才能保证出池优良鱼种。优良鱼种体形正常、体格健壮、无病无伤、鳞片完整、肉肥满结实、背阔肚小、体表光滑、体色和眼睛光泽明亮；鳃盖闭合、跳动有力、游泳活泼，在池中群集游动，在鱼篓中游泳于篓边，溯水性强、顶游，密集时头下尾上不断煽动；同批鱼种规格整齐。还可以从鱼体长度和重量之间的关系来鉴别（表1－1）。

表1－1　优质鱼种规格鉴别

鲢鱼		鳙鱼		草鱼		青鱼		鳊鱼	
规格(厘米)	尾/千克	规格(厘米)	尾/千克	规格(厘米)	尾/千克	规格(厘米)	尾/千克	规格(厘米)	尾/千克
16.67	22	16.67	20	19.67	11.6	14.00	32	13.33	40
16.33	24	16.33	22	19.33	12.2	13.67	40	13.00	42
16.00	26	16.00	24	19.00	12.6	13.33	50	12.67	46
15.67	28	15.67	26	17.67	16	13.00	58	12.33	58
15.33	30	15.33	28	17.33	18	12.00	64	12.00	70
15.00	32	15.00	30	16.33	22	11.67	66	11.67	76
14.67	34	14.67	32	15.00	30	10.67	92	11.33	82
14.33	36	14.33	34	14.67	32	10.33	96	11.00	88
14.00	38	14.00	36	14.33	34	10.00	104	10.67	96
13.67	40	13.67	38	14.00	368	9.67	112	10.33	106
13.33	44	13.33	42	13.67	40	9.33	120	10.00	120
13.00	48	13.00	44	13.33	48	9.00	130	9.67	130
12.67	54	12.67	46	13.00	52	8.67	142	9.33	142
12.33	60	12.33	52	12.67	58	8.33	150	9.00	168
12.00	64	12.00	58	12.33	60	8.00	156	8.67	228
11.67	70	11.67	64	12.00	66	7.67	170	8.33	238
11.33	74	11.33	70	11.67	70	7.33	186	8.00	244

（续表）

鲢鱼		鳙鱼		草鱼		青鱼		鳊鱼	
规格（厘米）	尾/千克	规格（厘米）	尾/千克	规格（厘米）	尾/千克	规格（厘米）	尾/千克	规格（厘米）	尾/千克
11.00	82	11.00	76	11.33	80	7.00	200	7.67	256
10.67	88	10.67	82	11.00	84	6.67	210	7.33	288
10.33	96	10.33	92	10.67	92			7.00	320
10.00	104	10.00	98	10.33	100			6.67	350
9.67	110	9.67	104	10.00	108				
9.33	116	9.33	110	9.67	112				
9.00	124	9.00	118	9.33	124				
8.67	136	8.67	130	9.00	134				
8.33	150	8.33	144	8.67	144				
8.00	160	8.00	154	8.33	152				
7.67	172	7.67	166	8.00	160				
7.33	190	7.33	184	7.67	170				
7.00	204	7.00	200	7.33	190				
6.67	240	6.67	230	7.00	200				

（2）鱼种规格　大规格鱼种生活力强、成活率高、生长快、增肉多，对提高产量和商品鱼质量、缩短养殖周期都有好处。但鱼种规格过大，会增加养殖成本，减少增重倍数，不利于养殖经济效益的提高。一般鲢、鳙鱼可选50～250克/尾的鱼种，草鱼、青鱼可选250克/尾左右的2龄鱼种，鲤鱼选10厘米以上的1龄鱼种，团头鲂可选50～100克/尾的鱼种，鲫鱼选50～100克/尾的鱼种。

3. 混养互利

混养是充分利用养殖鱼类分层的生活习性和它们之间的饵料连锁关系以及物质循环上的互利作用，达到充分利用水体空间和饵料，更好地发挥池塘的增产潜力，实现稳产高产。

混养鱼类之间的关系十分复杂，有互利也有排斥竞争，需要采取措施限制或缩小这种矛盾，在选择混养对象时要尽可能地发挥有利的一面，竭力避免、减少不利的一面。具体搭配时应注意以下几点：

（1）吃食鱼与肥水鱼之间的关系　根据一般经验，3 000克吃食鱼可带大500～1 000克肥水鱼。

（2）鲢、鳙鱼之间的关系　生产上一般将鲢、鳙鱼的放养比例控制在3～5∶1的范围内，可使少数鳙鱼能正常生长。也可将鲢、鳙鱼比例颠倒过来，多放鳙鱼，少放鲢鱼，并减少总的放养量，以保证鳙鱼有足够的饵料。

（3）青鱼、草鱼与鲤鱼、鲫鱼、团头鲂的比例。以天然螺蚬、水草为饵料的，一般每放养1 000克青（草）鱼种可搭配长13厘米的鲤鱼种2～4尾（或搭配长13厘米的团头鲂种6～10尾），另外，还可搭配少量的鲫鱼。白鲫的食性与鲢鱼相似，一般3尾白鲫可替代1尾鲢鱼。如果精饲料投喂较多，鲤鱼、鲫鱼、团头鲂放养量可适当增加。

（4）同种鱼大、中、小规格的搭配放养　主要根据分期捕捞的次数和套养第二年放养的鱼种来决定。

为了控制野杂鱼和尼罗罗非鱼繁殖过多的幼鱼，每亩可适当放养5~10尾鲇鱼、鳜鱼等凶猛鱼类，但应注意放养凶猛鱼类的规格和时间，以防吞食放养鱼种。

4. 合理放养密度

合理放养密度就是在保证商品鱼规格、质量的前提下能提高产量、增加经济效益的合适密度。

（1）决定放养密度的根据　鱼种放养密度应根据鱼池的条件，放养鱼种的特性、规格、供应保证程度，饵肥来源状况，饲养设备条件，养鱼技术水平，养殖工艺措施，商品规格等情况综合考虑。放养密度受水中溶氧的限制，尽管饵料充足，如果水中溶氧过低，会抑制鱼类的生长，甚至造成死亡。总之，应根据过去某一放养量时鱼类生长情况不断进行调整，以达到合理密养的目的。

（2）计算放养量的方法　一般可采取预计产量法和饵肥定量法两种计算方法。

①预计产量法（预计产量可参考历史资料）：

$$\text{亩放养量（千克）}=\frac{\text{预计每亩净产量（千克）}}{\text{预计净增重倍数}}\div\text{预计成活率（\%）}$$

$$\text{亩放养量（尾）}=\frac{\text{亩放养量（千克）}}{\text{鱼种平均体重（千克/尾）}}$$

②饵肥定量法：

$$\text{亩放养量（千克）}=\frac{\text{计划亩投饵量（或亩施肥量）}}{\text{预计饵料系数（或肥料系数）}}\div\text{预计净增重倍数}\div\text{预计成活率（\%）}$$

5. 常见养殖模式

常见鱼类的放养模式见表1－2～表1－4。其中，鳙鱼种均放100～200克/尾。

表1－2 以草鱼为主的放养模式

放养鱼类	单产250千克塘		单产500千克塘		单产1000千克塘	
	放养	收获	放养	收获	放养	收获
草　鱼	50千克	150千克	80千克	240千克	160千克	500千克
团头鲂	300尾	40	500尾	100	1000尾	200
鲢　鱼	15千克	60	30千克	120	51千克	250
鳙　鱼	5千克	20	10千克	40	17千克	90
鲤　鱼	20尾	10	100尾	30	210尾	100
鲫　鱼	100尾	10	200尾	15	200尾	100
尼罗罗非鱼			3000尾	45	1000尾	100
合　计		290		590		1340

表1－3 以鲫鱼为主的放养模式

放养鱼类	放养规格（克）	单产1000千克塘		单产500千克塘	
		放养（尾）	收获（千克）	放养（尾）	收获（千克）
银　鲫	20～50	3200	800	1600	400
团头鲂	25～50	160	40	80	20
鲢　鱼	100～150	120	120	60	60
鳙　鱼	150～200	40	40	20	20
合　计		3520	1000	1760	500

表 1－4　以肥水鱼为主的放养模式

放养鱼类	单产 250 千克塘		单产 500 千克塘	
	放养（尾）	收获(千克)	放养（尾）	收获(千克)
鲢　鱼	175	175	300	300
鳙　鱼	35	42	60	60
团头鲂	50	8	50	10
草　鱼	40	20	100	75
鲤　鱼	10	5	40	20
鲫　鱼			500	100
尼罗罗非鱼			200	50
合　计	310	250	1250	615

（三）饲养管理

俗话说“三分放养，七分管理”。管理工作的重点是做好投饵、施肥、调控水质和防止病虫害发生。

1. 投饵、施肥

（1）投饵　投饵是养鱼稳产高产的主要措施，其作用远远超过施肥。常见饵料的饵料系数见表 1－5。

①饵料用量计划的制订：为了确保饵料及时均匀地投喂，在鱼种放养前应做好全年和分月投饵计划。

全年投饵量计划：

全年计划投饵量（千克）＝吃食鱼放养量（千克）×某放养规格的净增重倍数×经验饵料系数

全年计划总投饵量为各吃食鱼全年计划投饵量之和。

月投饵量计划（积温值参考历史资料）：

$$\text{某月计划投饵量（千克）}=\frac{\text{该月水温的积温值（℃）}}{\text{饲养期水温的总积温值（℃）}}\times\text{全年计划投饵量（千克）}$$

表1-5 常用饵料系数

饵料种类	饵料系数
血粉、干贝类	1.3～1.5
鱼粉、蚕蛹	2
豆饼、花生饼	3
菜子饼、棉子饼、米糠、麦麸、酒糟	5
玉米	4.6～5
浮饼	25
苏丹草	30
旱草	40～60
水草	60～100
花生饼粉50%，鱼粉15%，麸皮15%，米糠45%，维生素1%，矿物质等1%，抗生素1%，黏合剂2%	1.68
米糠65.72%，豆饼粉22.83%，蚕蛹5.33%，地脚面粉4.88%，骨粉0.93%，食盐0.31%	2.27

②投饲技术：鲤科鱼类一般在水温6℃开始吃食。冬季投饵，可以维持鱼体不致消瘦，有利于开春后快速生长，同时降低死亡率，由于水温低，应在中午投喂。4月初（清明后），水温升高至15℃以上，投饵量和投饵次数逐渐增加，并投喂易消化的饵料，如嫩野草、宿根黑麦草、精料及颗粒饵料等。农谚道：“四、五、六月鱼长壳，七、八、九月鱼长肉”，4月下旬至5月初（谷雨至立夏），鱼类食欲增强，投饵量和投饵次数继续

增加，但不宜过多，因为6月初正是鱼病高发季节。6月下旬（夏至前后），正值梅雨季节，气候不正常，投饵要适当控制。7月上旬（小暑以后），水温高，鱼类吃食量大，生长旺盛，应继续增加投饵量，保持投饵次数，但不宜一次投得过多，以防发生严重浮头。9月上旬（白露）是鱼病高发季节，又是鱼类食欲旺盛时期，可以大量投饵。10月下旬（霜降）以后，鱼类食欲减退，可以陆续减少投饵量，直到干塘捕鱼时停止。

为了提高饵料的利用率，降低饵料系数，日投饵量应结合“四看”（看季节、看天气、看水色、看鱼的吃食和活动情况），按“四定”（定时、定位、定质、定量）的原则进行投饵。

定时：全年投饵应力争早开始，晚结束，延长鱼的吃食期，达到增产的目的。水温低时日投喂1次，水温高时日投饵2次，投饵时间相对固定。天气炎热时，投饵时间适当提前或延后。投喂颗粒饵料时，一般日投饵1~4次。

定位：固定食场。投饵地点一般设在鱼池北岸，向阳、水面开阔、水较深、人畜少到的地方。为了便于检查养殖鱼类吃食情况，避免饵料浪费和预防鱼病，食场设置饵料台或框。浮性饵料、浮萍、陆草等应均匀地撒在浮于水面的饵料框中。饵料框面积一般10~20平方米。饵料台设置在池底较硬处，沉性饵料放于食台上。食台的深度依鱼的种类、大小和季节而变动。中上层鱼类的食台一般在水下0.5米左右处，底层鱼类则设在距岸边1.2~1.5米的池底。水温过高时（30℃以上），中上层鱼类的饵料台可适当放深一点。鱼小时饵料台可放浅一些，鱼大时放深一些。在大小鱼混养时，应专门设置小鱼饵料台使大鱼不能进入，以保证小鱼能吃到足够的饵料（图1－5）。饵料框和饵料台的数量视池塘面积、各种鱼类的多少而定，一般3亩水面，有一个饵料框、2～3个饵料台即可。投喂颗粒饵料也应按上述要求定位，但不必设饵料台。

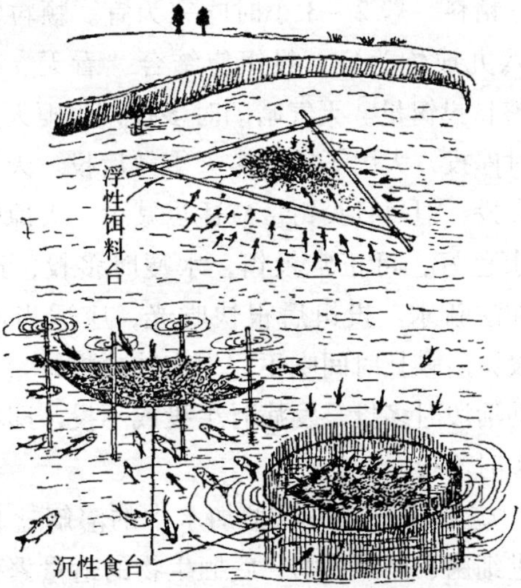

图1－5 饵料台（食台）

定质：保证饵料新鲜，不霉不烂，清洁，营养全面。饵料适口并多样化。要根据鱼类对饵料的喜厌性来投饲，一般先投草料，再投其他植物性饵料如玉米、小麦、红薯、米糠等，最后投动物性饲料，如蛆、螺、蚌肉以及蚕蛹等。还要从饵料加工上考虑，螺、蚌要压碎，粗硬的草应发酵或磨细，枯类草要水浸磨碎，水花生打浆后应加2%～3%的食盐。配合饵料营养全面，饵料利用率、转换率高，对加速鱼的生长有利。用配合饵料和精料养鱼时，宜适当投喂部分鱼爱吃的天然饵料。

定量：投饵要做到均匀适量，不可忽多忽少，这样可以增强鱼的食欲，加速生长，提高饵料效率，降低养殖成本。一般草料在上午8～9时投喂，下午3～4时吃完为宜，精料一般2～3小时吃完为宜。颗粒饵料每次投喂以八九成饱为宜。投饵应结合“看天、看水、看鱼”调整日投饵量。天气晴朗时多投，阴雨天少投，闷热将雨时停投，大雨不投，雾天雾散后投。天气酷热时晨、昏多投，但每日投饵量应适当减少。天凉时，中午多投。水色好，可正常投饵，水瘦时多投，过肥时少投，并加注新水。投饵后很快吃光，应适当增加投饵量，如投饵后较长时间吃不完，应减少投饵量。鱼体健壮，游动活泼时多投，发病时少投或不投，即将浮头和正在浮头时不投。

（2）施肥　施肥可以增加水中的溶解盐和有机腐屑，促进细菌、浮游生物、底栖生物的适量繁殖，从而直接或间接地为养殖鱼类利用。施肥过量会导致水中氧气不足，同时，有机物分解会产生有毒物质危害鱼类的生长或健康，严重时会泛池死鱼。因此，合理施肥才能确保鱼类的正常生长。主要家畜和家禽粪尿成分见表1－6。

施肥分施基肥和施追肥两种。

①施基肥：基肥应施早、施足。早施肥可使浮游生物尽快繁殖起来，由于水的颜色变浓，能吸收较多的日光能，提高了水温，有利于鱼类生长。一般每亩施250

~500千克粪肥。肥塘少施，瘦塘多施。并加上100千克磷肥，磷肥常和草一起堆积在池边、池角。

表1-6 主要家畜和家禽粪尿的成分（%）

类别		水分	有机物	氮素	磷酸	氧化钾	一只家畜（禽）每年粪尿排泄量（千克）
牛	粪	80.6	18.0	0.31	0.21	0.12	9000
	尿	92.5	3.1	1.1	0.10	1.50	
马	粪	75.0	23.2	0.55	0.31	0.33	5000
	尿	89.1	6.9	1.2	0.05	1.50	
羊	粪	68.0	29.0	0.6	0.3	0.20	750
	尿	87.5	8.0	1.5	0.1	1.80	
猪	粪	82.0	16.0	0.6	0.5	0.40	2050~2350
	尿	94.0	2.5	0.4	0.05	1.00	
鸡		50.0	25.5	1.63	1.54	0.85	（从小养到8个月）5~7.5
鸭		56.6	26.2	1.10	1.40	0.62	7.5~10
鹅		77.1	23.4	0.55	0.50	0.95	12.5~15
鸽		51.0	30.8	1.76	1.78	1.00	2~3

②施追肥：施追肥的目的是为了不断补充池水中的营养物质，保证天然饵料繁生不衰，因此，追肥应及时，少施、勤施。施追肥要“看天、看水、看鱼”进行施肥。天气正常施肥；天闷热或下大雨时不施肥；水温低时少施，水温高时量少次多；水瘦时多施，水肥时少施。鱼活动正常施肥，浮头、生病时不施；鲢鱼、鳙鱼、白鲫、尼罗罗非鱼为主的池要求水质较肥，宜多施。

2. 保持良好的水质

（1）水质标准　池塘养鱼的水质要求做到“肥、

活、嫩、爽”。

①肥：指池塘里物质循环快，水中浮游生物量大，易消化的种类比例高，有机物耗氧量为 30 ~ 40 毫克/升，透明度在 25 ~ 35 厘米、pH 值6.5 ~ 7.5。透明度的测定可使用透明度盘。透明度盘是一个直径为 25 厘米的圆盘，从圆心四等分交替漆上黑白色，盘中间的孔中系上标有记号的绳，下系重锤。测定时应背光将圆盘沉入水中，直至恰好分不清黑白色时稍提起，恰好能见，这个深度即为透明度。也可将手指伸直，手掌与手臂弯成直角，手臂垂直插入水中，至手掌恰好看不见时，水没过小臂的深度即为透明度（图 1 -6）。

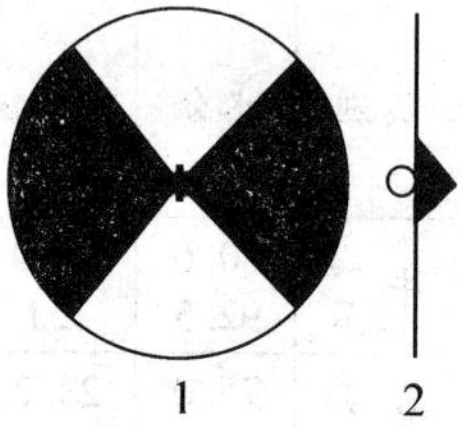

1. 正面　2. 侧面

图 1 -6　透明度盘

②活：指水色随光照有变化。一年中，水色由淡变浓再变淡。一天中（夏天格外明显），水色随日出逐渐变浓，随日落逐渐变淡，这样的水中，鲢鱼、鳙鱼可消化的浮游植物数量较多（如隐藻、硅藻等）。是浮游植物处于繁殖盛期的表现。

③嫩：水色浓淡程度适中，色彩鲜艳醒目，嫩而不老，易消化的浮游植物多，细胞未衰老，不带乌黑色，无臭味。

④爽：水质清爽，水面无浮膜，混浊度较小，透明度一般大于 25 厘米，水中含氧量较高。

良好的水质，不仅要求天然饵料丰富，水色好，溶氧充足，pH 值适宜，而且要求池水中各种物质包括生物和非生物都处于不断的转化之中（这种转化常常反映在水色的变化上）。

（2）常见水色 ①肥水：一是褐色水（包括黄褐、红褐、褐绿色等）。优势种类多为硅藻，有时隐藻大量繁殖也呈褐色，同时有较多的微细浮游植物，如绿球藻、栅藻等，特别是褐带绿色的水。二是绿色水（包括油绿、黄绿、绿带褐色等）。优势种类多为绿藻（如绿球藻、栅藻等）和隐藻，有时有较多的硅藻。

②瘦水：水色清淡，常呈淡黄或淡绿色，透明度高，40 厘米以上，水中浮游生物量较少。

③不好的水：一是暗绿色。天热时，水面常有暗绿色或黄绿色浮膜，水中团藻类、裸藻类较多但衰老。二是黑灰色。透明度低，混浊度大，水面时有小型气泡冒出，水中颤藻类等蓝藻较多。三是蓝绿色。透明度低，混浊度大，天热时有灰黄绿色的浮膜，水中微囊藻、囊球藻等蓝绿藻、裸藻较多。四是水呈现红棕色（铁锈色）浮膜，水中含有大量的多甲藻等，这些藻类有的含有毒素，鱼吃后会引起鱼类消化不良、中毒、生病或死亡。

④水质老化：一种是天气突变，浮游生物大量死亡下沉，底部有机碎屑和生物尸体由于厌氧性分解产生有毒物质，使水变酸、发臭、起泡，池中浮游生物数量很少，黑灰色，透明度高，这时即使施肥，水质也肥不起来。另一种是池水既浓又混浊，透明度低，肥而不活，中下层水中溶氧条件差，鱼类发生浮头。浮游生物数量多，但多为不易消化的藻类。池水常呈蓝绿、蓝黑、棕

黑、暗绿、灰白或红棕色且有浮膜。

（3）调控水质的措施　①适时加注新水，保证水质肥度适中。一般每隔 7～10 天加水 20～30 厘米。

②合理投饵、施肥。

③适当泼洒生石灰。水温较高的摄食旺季，每隔 10～20 天，按每亩水面用 20 千克左右的生石灰，加水溶化后，迅速全池泼洒。

④有条件的地方，利用增氧机改善池水的溶氧状况。

⑤水质老化的处理。对透明度高的老水，应先放去一半以上的老水，然后加注新水并施肥。对肥而不活的老水，一般可用 0.5×10^{-6}（每立方米 0.5 克）硫酸铜溶液全池泼洒，或每亩用生石灰 10～15 千克对成石灰水（除渣）全池泼洒。药物处理后及时加注新水并追施肥料，可以解决水质老化问题。

3. 轮捕轮放

轮捕轮放是充分利用池塘生产潜力，增加复养指数，提高单位面积产量的有效措施。

常见轮捕轮放的方法：①一次放足不同规格或同一规格的鱼种，分批捕大留小。②一次放足不同规格的鱼种。分批捕出部分鱼上市，同时补放鱼种或夏花。③名优水产品种单养（常混搭少量滤食性鱼）且鱼较多时，采用分级（多级）饲养的办法。即在养殖期间，每隔一定时间按规格大小分池饲养并调整放养密度，这种方法比轮捕轮放增产的效果好。

操作注意事项：①轮捕时间应选择天气凉爽、鱼类活动正常，在下半夜至黎明前进行。天气阴沉、闷热或鱼出现浮头等情况时不宜扦捕。②轮捕前一天，应适当减少投饵量，以免鱼吃食过饱，经扦捕惊动而造成死亡，同时清除池中杂物。③夏、秋季天气热，水温高，扦捕时应动作迅速，鱼群围集后，尽快将不符合商品鱼规格的小鱼放回池中；不要密集时间过长，以免造成损失。④扦捕后，及时加入新水，以防浮头。有增氧机的可开机增氧直至日出。⑤不耐低温的品种，必须在气温下降至生存适温前全部捕出。

4. 日常管理

（1）巡塘　每天早、中、晚巡塘3次，黎明时（即一天中水温最低，水中溶氧量最少时），检查有无浮头现象。午后2时左右（一天中水温最高时），检查鱼的活动、吃食情况。近黄昏时，检查全天吃食情况，有无残余饵料，有无浮头预兆，以保证夜间安全。天气变化时，应半夜巡塘，防止发生严重浮头甚至泛塘。巡塘时，慢步息声，绕池一周，静观水面，静听鱼的活动。结合巡塘做好投饵、施肥、食场清洁，捞除残渣（饵）剩草，除去池内、池边杂草，捞除水面浮膜及杂物。发现死鱼、病鱼要立即捞出、埋掉，并采取措施，同时适时加注新水。

（2）浮头的预防和处理

①浮头发生的原因：浮头次数过多，会影响鱼类生长和健康，严重浮头时，有可能造成大批死亡。浮头的原因一是水中溶氧不足。缺氧引起的浮头常与气温变化、昼夜变化相联系。二是有毒物质进入，或投饵施肥

不当，有机物质厌氧分解产生有毒物质，酸性过大，这种浮头在任何季节、任何时间均可发生。

②预测浮头：平时生活正常的鱼在天气闷热、气压低、傍晚阴雨或雷阵雨、水温高、水质肥时，会在半夜或黎明前后浮头。严重时会在上半夜开始浮头。

鱼体无病，但吃食量突减，草鱼在草堆边吃食，并出现衔草游动，表明水中开始缺氧，将会发生浮头。

鱼集中在水的上层散乱游动而不下沉，并可见到阵阵水花，表示深层水中氧气不足，这种现象称为“暗浮头”，暗浮头是浮头的信号。如果发生在傍晚以后，很快就会出现浮头。

池塘水色突变，色浓混浊，水面出现气体和泡沫。水质过度污染、水温高、有机物大量腐烂分解或浮游生物大量死亡腐烂分解，不仅消耗大量氧气，还会产生多种有毒物质危害鱼类引起浮头。这种情况常会引起“泛池”。

螺蛳、虾爬到池边，鳌条浮头，表明水中开始缺氧，如果发生在傍晚以后，浮头即将发生。

③浮头轻重判断：黎明前后发生的浮头为轻浮头，浮头发生在半夜或是傍晚，则为严重浮头。

浮头后，鱼群离岸较远，浮头较轻。如果池鱼分散，并扩大到池边则为严重浮头。

稍惊动即下沉，稍停又上浮，为轻浮头；如惊动不下沉，说明浮头时间已较长，水中极度缺氧，是严重浮头。击掌判断：拍一下掌看见波纹，听见水响则为浮头预兆。拍两下掌鱼才下沉为严重浮头。拍三下掌，鱼不下沉为极严重浮头。

草鱼、青鱼体色变淡（青鱼体色现淡白，草鱼体色现微黄），下腭突出游动无力，为严重浮头。

由于各种鱼耗氧率和窒息点不同，浮头先后不一。一般鳊鱼、团头鲂浮头为轻度浮头。鲢、鳙鳌浮头为一般性浮头。当虾和鳌条开始死亡、草鱼浮头是严重浮头，接着是青鱼和鲤鱼浮头，此时鲢、鳙鱼开始死亡。鲫鱼很少浮头。如鲫鱼浮头，其他鱼类早已大批死亡。

④浮头的急救：应先查明浮头的原因，是缺氧还是水质恶化造成，然后迅速采取措施。

缺氧引起的浮头：一是必须彻底换水，排去部分老水，加注新水。二是将池水抽起再喷洒于池中，撒得越细越好。冲水的时间应以鱼进入水层、活动正常时方能停止。三是用增氧机增氧。四是水深1～1.5米时，每亩用石膏2.5～3.5千克、或盐5～10千克、或明矾1.5～2.5千克，或5～7.5千克黄泥加尿50千克全池泼洒。浮头临时解决后，仍需设法及时加水。如已发生泛池，应在缓解后及时捞出死鱼，并用网将沉在池底的死鱼拉起，以减少损失。

水质恶化引起的浮头：必须彻底换水（开机增氧有一定效果）。

（3）做好“五防”工作

①防病：要认真执行“全面预防，积极治疗，防重于治”的原则。发现病情，及时诊断，对症下药，治早、治彻底。

②防逃：养鱼水体的进出口要装好拦鱼设备，保证水流畅通。既要防止养殖鱼类逃跑，又要防止野杂鱼、

凶猛鱼类混入池中。

③防洪：要筑好排洪沟，洪期加强管理。

④防旱：养鱼塘应做好蓄水保水工作，通过改造池塘，增强抗旱能力，减缓农、渔争水的矛盾。

⑤防害：放养鱼种前，彻底清池消毒，堵塞洞穴。放养鱼种后，加强管理，采用各种方法捕杀敌害。

除上述几方面外，还要提高警惕，防止人为破坏，确保鱼类安全、正常生长。

第二节 水库化肥养鱼

多数水库天然饵料基础薄弱，鱼产力十分低下，必须通过人为的努力加以改造。其中，投饵、施肥养鱼是提高水库鱼产量的有效途径之一。

池塘养鱼高产高效的技术经济措施根据相关条件可以引入水库渔业生产，但由于水库渔业自身的特点，这些措施控制、落实的程度不及小水面。

一、拦鱼设备设计要点

水库有较多进出水口，为防止鱼类外逃，养鱼前必须在这些进出水口处建造拦鱼设备。

（一）拦鱼设备

一般拦鱼设备前面均有 1 ~ 2 道拦阻漂浮物、半浮半沉渣的拦渣设备。拦鱼设备突出部分的位置应在最大流速处（图 1 – 7）。拦鱼设备洪期的过水能力应超过拦断水面的过水流量的 0.5 ~ 3 倍，确保拦鱼设备有效、牢固、安全、经济。

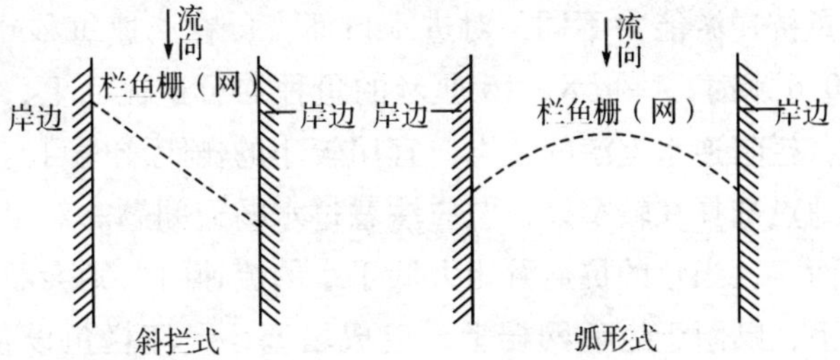

图 1 -7　拦鱼网（栅）设置方式

拦网网目和拦栅栅距的设计要合理，太小或太密会影响水流通畅和拦鱼设备本身以及其他水利工程的安全；反之太大或太稀又拦不住鱼。我国 4 种主要养殖鱼类草鱼、青鱼、鲢鱼和鳙鱼在同一规格时，以鲢鱼的身体周长和头宽为最小。能有效地拦住鲢鱼，则同一规格的其他放养鱼类基本上也能拦住（表 1 -7）。

表 1 -7　拦阻白鲢鱼种应采取的栏栅、网目规格

投放鱼种规格（厘米）	应采取的拦栅栅距（厘米）	应采取的栏网网目（2a）厘米	溯水时	
			栏栅距（厘米）	拦网网目大（2a）（厘米）
3.3 以上	<0.4	<0.7		
6.6 以上	<0.7	<1.5		
10.0 以上	<1.0	<2.3	<0.6	<1.5
13.0 以上	<1.4	<3.0	<0.8	<2.0
17.0 以上	<1.7	<3.8	<1.0	<2.6

上溯逃鱼和顺水逃鱼是水库逃鱼的主要方式，因此，进出水口必须全部拦断。由于不同种类、不同规格的鱼抗逆游能力不同，对进水口而言，在流速每秒0.4~0.6米时，一般8~16厘米的鱼种均可逆流而上，因此，拦阻逆水上游的鱼类，宜用较小的栅距或网目，拦截地点选择在较窄处，但应注意过水畅通问题。对出水口而言，当鱼的抗逆游能力低于水的流速时，则会顺水而下，贴附于拦鱼网栅上，造成堵塞，毁坏拦鱼设备。因此，应根据需拦阻鱼类的拦阻规格的抗逆流能力来选择断面位置。要考虑拦鱼设备的安全管理，特别是在出现漂浮物或其他特殊情况时，要能保证安全操作。要注意拦鱼设备受力均匀，在满足上述要求的前提下，尽量选择浅水、面窄的地方，以减少投资。拦截面的平均流速以10年一遇的最大洪水出水量和拦截面积计算，流速宜在每秒0.5米以下。拦鱼设备设置处底部地形较平坦，便于拦鱼设备紧贴库底，确保拦截效果，同时方便施工。

（二）拦鱼设备及安装

1. 网拦

网拦因有拦鱼效果好、设备简单、成本低、安装管理方便等优点而被广泛采用（图1-8）。

选好拦截地点，然后测量拦截处的地形和水深，绘出断面测量图，根据测量图设计拦鱼网。拦鱼网由主拦网、防跳网和底卧网组成。主拦网的网长和网高要比拦截处的宽度和深度分别增加10%~15%。防跳网和底卧网的长度与主拦网相同，宽度分别为0.7~1米和1~1.5米。主

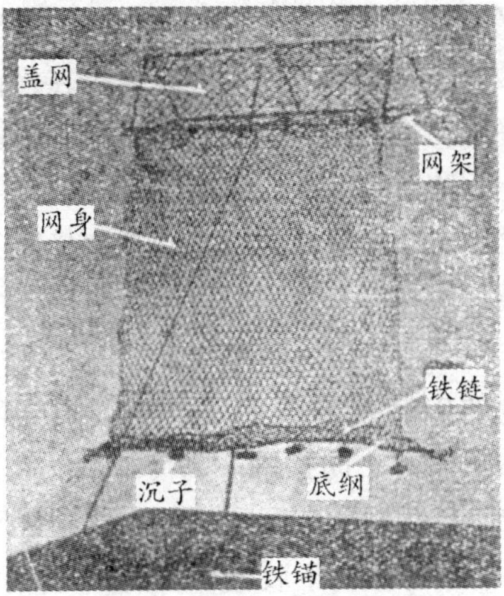

图 1-8　拦鱼网结构示意

拦网的网目根据拦截鱼种的大小确定，只要能有效地拦截住鲢鱼，则同规格的其他放养鱼类基本上也就能拦住。防跳网和底卧网的网目可比主拦网网目大 50%。

网片按设计顺序号拼成整体，上面装上纲和浮子纲。浮子一般用 300~500 克的泡沫浮子，每隔 40 厘米缚一只。防跳网与上纲合并装配，也可以另行装配。下面穿底纲，沉子纲与底纲缚在一起。沉子大多为水泥浇制，每只重10~15 千克，也可用铁链或石龙（以网片包裹碎石成长条状）代替。底卧网与底纲合并装配，其下纲亦需装沉子。为增强拦网强度，在主拦网横向上每隔 20~30 米装一条纵力纲，在纵向上每隔 2~2.5 米装一条横力纲。纵力纲上端扎锚绳和大型浮子，下端缚大沉子。

拦鱼网的安装通常有打桩式和抛锚式两种。打桩式适用于拦截处水不深的水库。安装前需在拦截处做好放网槽和打好水泥桩，安装时先将拦鱼网底纲放入网槽固定，再把上纲缚在桩上即可。抛锚式安装用于水较深的地方，两端固定在拦截处的两岸，在主拦网的上纲与纵力纲的缚结处吊扎大铁锚，以固定拦鱼网。主拦网放好后，再用三角浮架将防跳网撑起。

拦污网的安装视需要而定，一般距拦网 50 ~ 150 米，长度的测算方法同拦网。高度一般为 1 ~ 1.5 米可拦住漂浮物。拦污网的装配和安装方法同拦网，两端固定于岸边，上装浮子，下装沉子，两岸之间的部分，每隔 20 米左右抛锚固定。

2. 电拦

电拦鱼是根据鱼感电后要回避的原理设计的，当鱼靠近电栅，遇到一定强度的电场，受到电的刺激而回避，从而起到拦鱼的作用。

目前，我国水库的拦鱼电栅大多采用单排不等距不等压电阻分压式的 LD 电栅。此电栅产生的电场宽广，电场梯度平缓，防逃效果好，结构简单，造价低（图 1－9）。

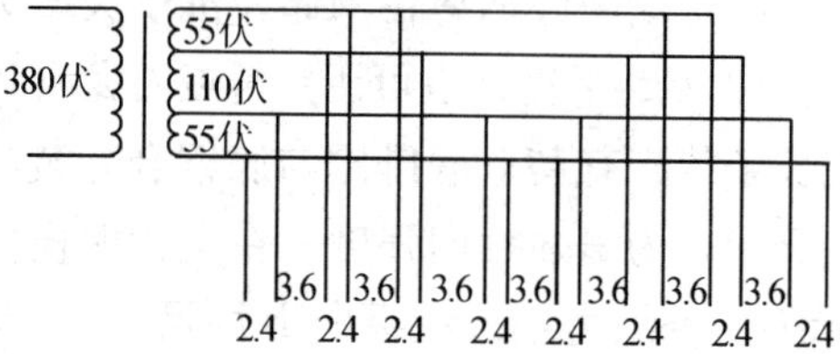

图 1－9　LD－1 型电栅结构及电路

水的电导率越高，电栅拦鱼耗电量越大。

3. 鱼莨式拦鱼栅

鱼莨是建于溢洪道和输水洞外侧的拦鱼设备，并起集成鱼作用，由金属栏栅或网构成。其优点是结构简单，逃鱼可被捕获，并可回收幼鱼，成本相对较低。

（1）位置：以输水洞或溢洪道下泄最大流量确定断面大小以确保过水通畅，出水口至鱼莨应尽可能选择在平直无深潭或大湾（以利捕鱼或回收鱼种）、水流较缓的地方建造，流速每秒 0.5 米以下为好（不易损伤鱼体）。分为双向导引鱼莨和单向导引鱼莨。

（2）结构：鱼莨由导鱼栅、入口跌水沟、鱼池、鱼莨和拦污栅构成（图 1－10）。

导鱼栅：导鱼栅一般用钢筋混凝土柱和钢筋拦鱼栅制作。栅顶高于最大水位 40～50 厘米，栅脚为混凝土滚水堰，钢筋水泥柱间的距离为 2.6～3 米，柱间为活动钢筋拦鱼栅。栅距见表 1－7。导鱼栅与水流夹角为 15～20°，水流过大时应考虑为 30～40°。

入水口跌水沟：此沟的作用是将导鱼栅中拦截的鱼群直接导入鱼池入口。入口宽 0.5 米，跌水头为 1.2 米左右，在进水口处设有节制闸以控制水流大小，使进入鱼池的鱼群无法回逃。

鱼池：为下逃鱼群的暂养池。分两级，一级池一般 4 米×3 米×1.5 米，二级池 2 米×3 米×1.5 米，具体大小根据历年逃鱼量的多少确定。

鱼莨：为斜立式拦鱼栅，一级鱼莨为粗孔拦鱼栅捕成鱼，栅距 3～4 厘米；二级鱼莨以捕鱼种为主。一、二级鱼苢的栅距也可以根据成鱼起捕规格和回收鱼种最小规格确定。但必须保证鱼苢内外水流通畅，必要时可以采用增大鱼苢过水断面来解决。

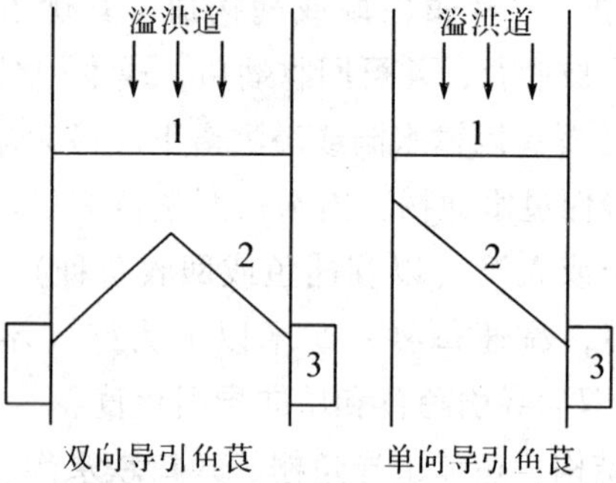

a. 示意图

1. 拦污网　2. 导鱼栅　3. 鱼苢

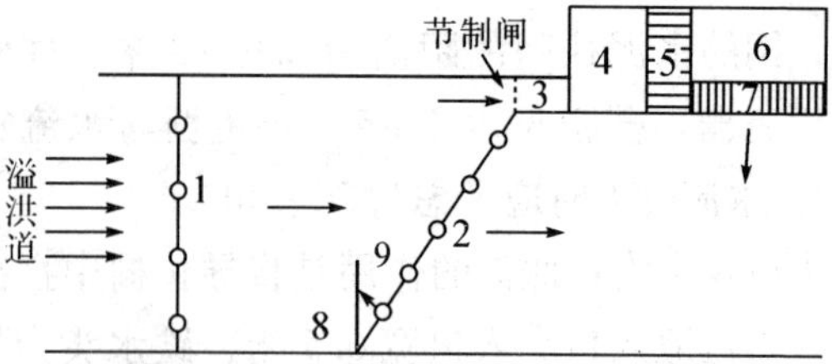

b. 平面图

1. 拦污网　2. 导鱼栅　3. 入水口跌水沟　4. 一级鱼池　5. 一级鱼苢　6. 鱼池　7. 二级鱼苢　8. 溢洪道平坦地段　9. 导鱼栅与水流夹角

图 1-10　鱼苢示意

拦污栅：为拦阻漂浮物而设，可根据漂浮物的情况而定，一般栅距 8～10 厘米。

（3）管理：溢洪或放水时应有专人管理，清除污物，及时处理上鱼莀成鱼和鱼种，避免鱼种受伤，并注意安全。

二、凶猛鱼类和小杂鱼类的控制

水库中凶猛鱼类的存在和发展是造成鱼种放养成活率和回捕率低的主要原因之一，应采取措施加以控制或利用。

水库中常见的凶猛鱼类有乌鳢、鳜鱼、鲇鱼、鳡鱼及马口鱼和鲌属、红鲌属鱼类等，其中以翘嘴红鲌和鳡鱼为害最大。在人工投饵施肥的水库中，小杂鱼类因食物条件充足而大量繁殖，既争空间，又争饵料，其中以鳌条群体最大。因此，水库凶猛鱼类和小杂鱼类的控制应以此为主要对象（图 1－11）。

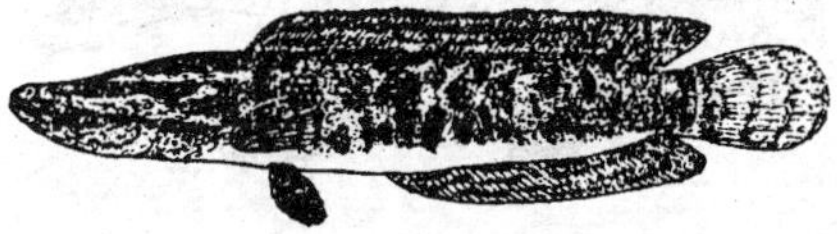

乌鳢

鲇鱼

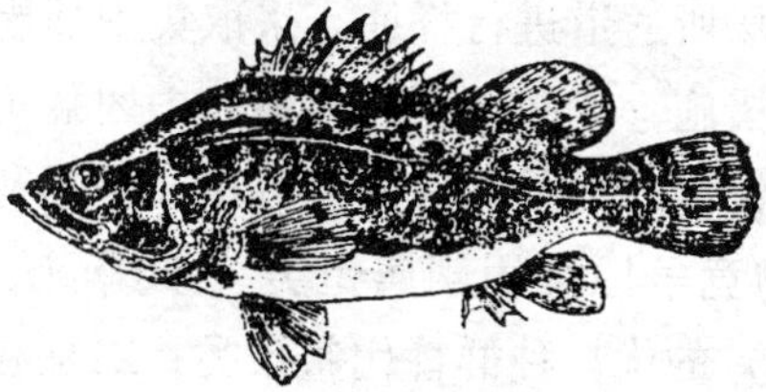

鳜鱼

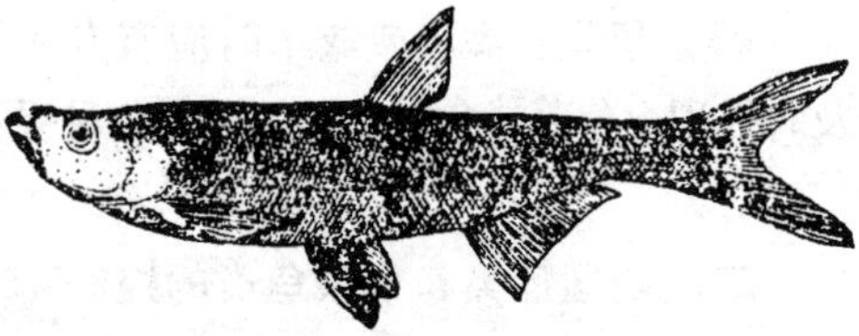

翘嘴红鲌

鳡鱼

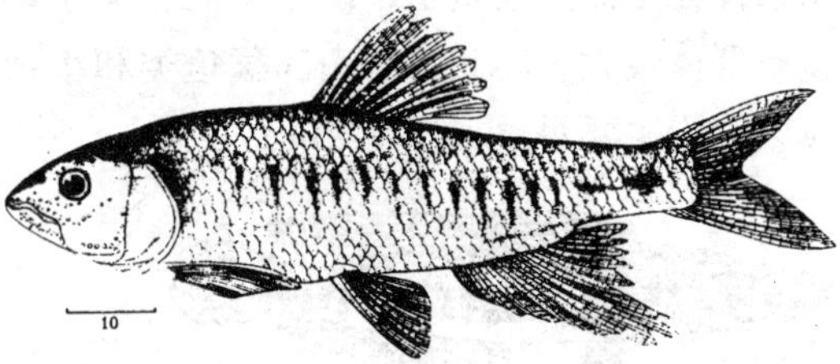

马口鱼

图 1－11　水库中几种常见的凶猛鱼类

目前对凶猛鱼类的控制常采用以下方法：利用乌鳢守护巢和幼鱼的习性捕捞；对鲌属和红鲌属鱼类利用繁殖时集群性和越冬集群性大量捕捞；对于鳡鱼，在生殖季节，拦断鳡鱼产卵场所通道进行扦捕。采取集中捕捞和分散捕捞相结合的措施，务必尽可能多地除去凶猛鱼类。对小杂鱼类的控制因库而异，常用的方法：一是利用生物的空间和食物竞争原理用鲴属鱼类（细鳞斜颌鲴、银鲴、圆吻鲴等）的优势种群替代鳌条类；二是利用鳌条集群性诱捕，并加工利用。

三、合理放养

合理放养必须使所放养鱼类的品种、规格、密度、比例、质量等指标同水库水域环境、饵料资源（包括人工补充的饵料、肥料）相适应，通过共生互利最大限度地利用各种饵料，同时又不影响天然饵料维持再生产，从而持续地提供尽可能多的渔产品。

1. 水库正常养鱼面积的估算

制定鱼种放养计划，应参照水情预报和相应的用水曲线，以多年平均水位的面积作为养鱼面积和鱼种计划放养量的依据。

2. 养殖种类、规格的选择

（1）水库天然饵料中以浮游生物、有机碎屑、细菌为主，占整个水库天然饵料生物量的 70% ~80%，此外，还有少量的水草、底栖生物，因此，养殖鱼类应以滤食性鱼类为主体。小型水库以投饵为主，吃食性鱼类的比重可以增加。

（2）因水库凶猛鱼类的存在，为了提高放养鱼种的成活率，必须放养大规格鱼种。根据已有的资料，16 厘米以上鱼种已适应水库敞水带的生活，逃避翘嘴红鲌的捕食能力较强，成活率较高，因此，放养 16 厘米以上的鱼种是合适的，1000 亩以上的水库，回捕率可达 50% 左右，1000 亩以下的水库可达 70% 左右。

3. 放养密度和比例

小型水库可参照池塘养鱼技术，根据技术措施落实的程度进行调整。其他类型的水库，根据成活率，一般每亩存活隔年鱼种70～200尾，当年鱼种70～200尾。鲢鱼、鳙鱼比例一般变动在90%:10%～40%:60%。

解决水库放养大规格鱼种、饵料的途径：

（1）利用库湾（网栏、土坝、堆石坝等）培育大规格鱼种。

（2）通过在网箱区施肥培育浮游生物或投人工饵料，利用网箱培育大规格鱼种。

（3）就近小水面订购大规格鱼种。

四、投饵施肥

（一）投饵

精养高产的小型水库投饵技术可参照池塘投饵原则进行。其他作为随机补充性投饵的水库，则确保饵料的质量和注意营养全面即可。

（二）施用生物营养料

随着生产的需求和科学技术的发展，渔业专用料应运而生。其中，内江“鱼利多”鲢鳙高效生物剂以其稳定的产品质量，显著的养殖经济效益，周到的售后服务得到了水产界和养鱼户的公认。是当今最优秀的养鱼常规化肥的替代升级产品。现简介如下：

1. 适用范围

苗种培育。塘、库、湖、池及河堰养殖滤食性鱼类。也适用于其他鱼类、特种水产品、大、小水面养殖的生物基础饵料培育。

2. 产品特点

（1）按DB51/388—2001国家无公害农产品使用标

准生产，供无公害产品使用。

（2）产品为白色颗粒，见水即化，水溶性高达98%以上，无论水面大、小，深、浅均可泼洒。产品安全可靠，对人畜无毒副作用。

3. 产品使用效果（综合多年塘、库生产调查）

（1）生长快，个体大，产量高，赚钱多。生产速度比常规化肥养鱼快30%以上，比同类产品快10%左右。当年寸片鱼种一个月达50克/尾，两个月达200克/尾；上年150~250克/尾的鱼种，下年达1250克/尾左右。7月份500克左右的鱼种，一个月增长500克，一个生产周期是同类产品的1.2倍。鱼产量增长0.5~3倍，养出的鱼耐800千米的汽车运输。

（2）用量少，生产成本低。"鱼多利"有三个系列产品，其中精养塘、库专用料500克产品可生产1000~1500克鱼，水库专用料500克产品可长800~1000克鱼，效果是化肥的4倍以上，节约劳力40%，省时间70%，少运费30%，比同类产品节约成本25%~40%。运输方便。

（3）见效快，上午用下午水色度变浓。

（4）增氧、防病、无公害。鱼体EAP和DNA含量高，产品质量好。

该产品在生产实践中总结形成了一整套创新的高产高效配套技术，用法简单，安全，可靠，科学，效果保证。由于连续6年产品质量稳定，效果保证，2006年在全省同类产品中唯一被四川省质量技术监督局评为质量信誉A级企业。2007年获名优企业称号。

五、水库捕捞

蓄水之前，由于没有清基，库底仍然保持原来高低不平的地形和被淹的树木、房屋等大型障碍物，加之库水很深，给水库成鱼捕捞带来困难。目前，在水库捕捞中使用效果较好的方法有以下几种：一是单层刺网、拉网捕捞。二是三层刺网捕捞。三是“赶（包括脉冲、气幕赶鱼）、拦、盖、刺、张（拉）”联合捕捞。四是“定置张网”捕捞。

第三节 网箱养鱼

网箱养鱼是集约化的养殖方式。一般是在较大的水体中利用聚乙烯网片或金属及其他材料制成的板网，组成盒形的箱体进行养殖。由于鱼的活动以及风浪、水流的作用使箱内外水体不断进行交换，同时，排泄物及食物残渣可通过网片流失，从而保证了箱内良好的溶氧环境和浮游生物的补充。鱼被限制在小范围内活动，能量消耗少，饵料转换率高，生长快。网箱养鱼高产高效的基本原理仍源于池塘养鱼，通过水（溶氧）、种、饵三个关键实现高产高效。

网箱养鱼具有机动、高产、高效、简便易行以及适应各种类型水体等优点。

一、网箱的结构与安装

(一) 网箱的结构

1. 网箱形状

常用的网箱形状有长方形、正方形。这类形状的网箱制作方便，过水面积大，操作便利。

2. 网箱形式

网箱的形式有两种，即开口式和封闭式，各有利弊，视需要而定。又有单层网箱和双层网箱之分，饲养鱼种多用单层网箱，饲养成鱼及名优水产品多用双层网箱。

3. 网箱结构

养鱼网箱主要由框架、箱体和浮力装置三部分构成。有的还附有投饵装置。框架是悬挂箱体用的支架，由毛竹、木材、塑料管、钢管等材料制成，以保证箱体张开、成形，浮力装置常用油桶、塑料桶、竹竿等（图1－12）。

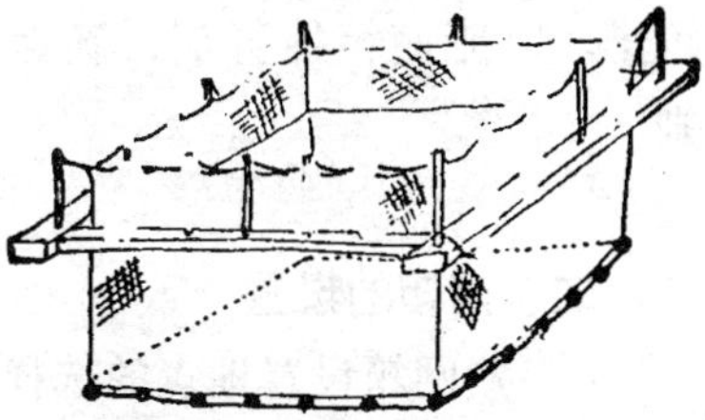

图1－12　敞口浮动式网箱

4. 网箱规格

常见网箱规格为1米×1米×1.1米、2米×2米×1.5米、3米×3米×（2～2.5）米、4米×4米×（2～2.5）米、5米×5米×（2.5～3）米、7米×4米×（2～3）米。小型网箱耗用网片较多，水体交换好，鱼产量高。

5. 网目大小

网目大小应视鱼种规格而定，以有利于水体交换和缺一目不会逃鱼为原则。常见主要养殖鱼类可按经验公式 $a=0.13L$ 计算，其中 a 为网目单脚长度（厘米），L 为鱼种长（厘米）。

（二）网箱的安装

中小型网箱多用楠竹框架，经济实用。按箱体形状规格放大0.5～1米，将楠竹绑缚成框架，四角和四边中点分别垂直向上打洞眼插入8根木棍或竹梢，将网箱拴挂在框架上。如有盖网应将其提离水面。箱底四角结扎砖、石块作沉子，底纲上每隔1米拴一个100克重的沉子。以能使箱体舒展，确保箱体在水下不变形为原则。

二、网箱的设置

（一）网箱设置地点的选择

网箱设置的地点宜选择开阔向阳，风浪较小，有一定流速（0.05～0.2米/秒），水深大于箱高0.5米以上，水质符合国家颁布渔业用水标准，交通、管理方便的地方。

（二）网箱设置的方式

网箱设置的方式常采用浮动式网箱，在“品”字形网箱适合部位的框架上用多根绳子与固定于水底的锚石连接，以保持其方位。绳长一般为水深的1.5倍。框架飘浮于水面，能随水位、风向、水流而适当浮动。用于养殖滤食性鱼类的网箱，因为浮游植物主要分布在1～2

米深的水层，而浮游动物以 2～3 米深处的密度最大，箱体深可达 3 米，常以单箱抛锚固定。

(三) 网箱的排列和密度

网箱的排列要以保证每只网箱能充分进行水体交换、管理方便为原则。常按"品"字形连接成两行（为一组，中间架设栈桥)，错开位置，并与水流、风向垂直或有一定夹角，箱距一般 0.5～1 米，行距一般 1.0～2.0 米，组距一般 500 米，以利各箱水体交换。网箱在水中设置密度受众多因素（如水面、水质、风力、水流、养殖品种等）影响，一般网箱水面比为 1∶300～500 (应视具体情况逐步调整)。

三、饲养管理技术

饲养中主要做好以下工作：一是鱼种入箱前两周将网箱放入水中以附着生物；二是进箱鱼种经炼网处理，进箱时药物浸浴消毒，同箱鱼种规格基本一致；三是洗刷网箱体或搭配如鲴属鱼类等清除箱体上的附着物，保持网箱水流畅通；四是做好预防鱼病工作；五是安全管理。重点是防大风大浪造成网箱沉没或网破逃鱼，防偷盗发生以及适时移动网箱位置（移动距离一般在 500 米以上)。

网箱养鱼的饲养技术因养殖鱼类不同而不同。

(一) 鲢、鳙鱼的养殖技术

1. 养殖水体

通过网箱内外的水体交换，水域中的浮游生物不断补充进入网箱满足鱼类摄食的需要。这种方式适合于水质肥、浮游生物丰富的水体。一般来说，每升水中含有浮游植物200万个以上，浮游动物3000个左右（≥15℃以上的积温在4000℃以上，pH值7.0左右）的水体可以不投饵养殖鲢、鳙鱼。

2. 鱼种放养

每立方米放养夏花鱼种50~200尾，进箱时间应尽可能提前。养成鱼每立方米放养鱼种20~30尾，放养时间宜在秋、冬季。以浮游动植物各自的优势决定放养比例。浮游植物占优势的水体以鲢鱼为主体，鳙鱼≤20%（包括搭配鱼类）；在浮游动物占优势的水体以鳙鱼为主，鲢鱼≤40%（包括搭配的鱼类）。放养密度和比例宜在生产实践中逐步调整。

如果养殖中发现鱼种生长不理想，可分箱减少放养密度，或者补充人工饵料或在网箱区施肥培养浮游生物。

3. 三级配套养鱼

夏花鱼种力争5月底前入箱（一级箱），网箱网目1厘米。7月底前鱼种体长达13厘米左右时进入第二级箱，网目3厘米。元旦前鱼种体长达20厘米左右进入第三级箱，网目5厘米，直到养成成鱼。每级网箱的放养密度宜在生产实践中调整。本方法的优点是随鱼体长大，调整网目大小利于水体交换，促进鱼的生长。

（二）吃食性（包括肉食性）种类的养殖技术

1. 养殖水体

宜选择透明度较大（一般在50厘米以上）、水质清新、溶氧丰富的水体（5毫克/升以上），pH值、水温条件视养殖品种需求确定，一般要求≥15℃以上积温在4000℃以上为宜。

2. 养殖方式

无论苗种、商品成鱼的养殖均采用单养方式。

3. 苗种放养

放养规格、密度视养殖品种、养成规格、养殖工艺而定，苗种质量按常规养殖标准。

4. 饲养管理技术

（1）饲料原料及营养指标　每种养殖鱼种对不同的饲料原料吸收利用率不同，因此，生产人工配合饲料选择合适的原料组成是十分重要的。饲料原料可分为蛋白原料和能量原料两种，一般将蛋白质含量高于20%的原料叫蛋白原料，低于20%的原料叫能量原料。蛋白原料又分为动物蛋白：如鱼粉、蚕蛹、肉骨粉、血粉、羽毛粉、水解蛋白粉等；植物蛋白：如熟豆饼、菜枯、花生枯、棉子饼等。能量原料（又称能量饲料）：如小麦、玉米、麸皮、米糠、次粉等。一般要求幼鱼、鱼种原料的粒径在0.3毫米以下，成鱼原料粒径在0.6毫米以下。

养殖水生动物所需的营养素包括蛋白质、脂肪、碳水化合物、维生素和矿物质五大类。由于食性不同，对营养素的需求也不相同，由于这方面的资料很少，一般均以鱼肉或全鱼分析指标作参考标准配制饲料。饲料中蛋白质含量、氨基酸含量、动植物蛋白比、能量、能量蛋白比、脂肪、维生素、矿物质视养殖种类、不同发育阶段的需求而定。

（2）人工配合饵料形状　软、硬颗粒饵料、浮颗粒饵料、糜状饲料、团状饲料、鲜活饵。

（3）投饲技术　①上浮抢食驯化：驯化的目的是为了观察鱼群摄食活动，掌握投饵量，提高饵料利用率。驯化前停食 1 ~ 2 天。根据养殖鱼类需求确定日投饵次数，每日按时投饵。每次投饵前敲打器物（框架、船梆、饲料桶……）发出声响，投入一小把饵料到网箱中部，间隔 10 秒钟左右，再敲击发出声响，再投入一小把饵料。无论有没有鱼上浮抢食，都要坚持，每次驯化时间 20 ~ 30 分钟，一般 5 ~ 7 天可驯化成功。驯化成功的标志是投饵船靠近网箱，鱼群上浮等待抢食。

②转食驯化：目的是让肉食性水生动物从摄食活饵逐步转化到摄食死饵（鲜、冰鲜）以及转化到摄食人工配合饵料。采用在人工配合饲料中加入诱食剂的方法进行驯化。

③日投饵次数和投饵量：日投饵次数：一般日投饵次数随水温升高而增加，鱼苗、鱼种投饵次数多于成鱼，无胃鱼类多于有胃鱼类。日投饵量：确定日投饵量的方法有两种，一是按投饵率表进行，二是按鱼当日吃食情况确定。每次投饵时，坚持小把撒投饵料，在第一小把饵料吃完后，再撒投第二小把。开始撒投频率慢，随摄食鱼群增大，加快撒投频率，以后随摄食鱼群减少，逐步减慢撒投频率。鱼形成上浮抢食的习性后，不再摄食的鱼会下沉游开，摄食鱼群逐步减少，当鱼群减至二至一成时，可停止投食。这就是投饵“慢—快—慢，少—多—少”，“八成饱”，“九成饱”的投饲原则。一般来说“八成饱”饵料系数低些，生长慢些，“九成

饱”饵料系数高些，生长也快些。宜在生产中根据鱼的摄食习性、生长需求、市场价格变化确定。

(4) 分级饲养　按同箱规格基本近似，个体大放养密度减少的要求，进行分级饲养。分级饲养有三个好处：一是加快鱼类的生长；二是避免大吃小；三是网目增大，利于水体交换，提高单位负载量，降低饵料系数。

(5) 浸浴消毒　将鱼赶到网箱一角，用竹竿架上隔离，用密眼布或塑料布制成的“浸浴箱”从网箱外套入包围鱼群，按“浸浴箱”体积计算用药量，药物经溶化后倒入箱内浸浴，浸浴时间视浸浴要求而定。施药后要密切观察鱼的反应，届时抽掉竹竿放出鱼群，撤除药物“浸浴箱”。

为保证用药时间，防缺氧浮头影响药浴效果，最好使用氧气瓶充气增氧。将一根直径 10 毫米的塑料管的一端固定在盘成圆形的钢筋上（管子同样盘成圆形），圆的大小视“浸浴箱”而定。塑料管上有许多小孔。管的另一端接氧气瓶。使用时将钢筋连同塑料管沉入网箱中，用减压阀控制输氧量，水温 26℃ ~28℃时，一瓶氧气可供1000千克成鱼 3 ~4 小时的需要（图 1 –13）。

第四节　鱼病防治

由于鱼类群栖于水中，一旦发生疾病，很容易蔓延，无论检查、诊断、隔离、治疗都比陆生养殖动物更

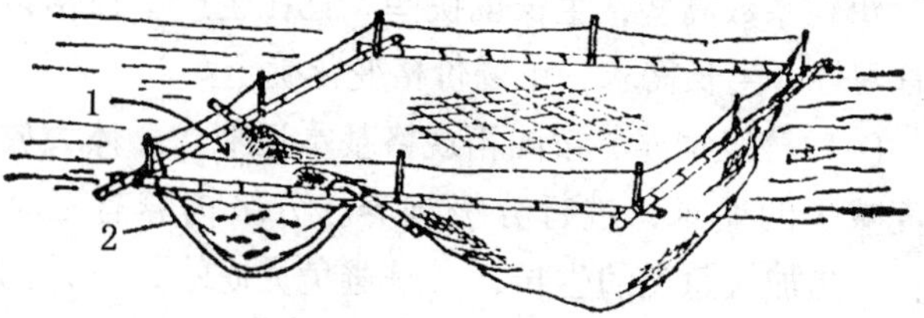

1. 药液 2. 塑料薄膜

图1－13 网箱内药物浸洗治疗鱼病

为困难，特别是大水体发生鱼病治疗起来就更加困难，而且费用昂贵。因此，鱼病防治工作必须坚持“以防为主，防重于治，无病先防，有病早治”的原则。

一、鱼病的类型及传播方式

（一）鱼病的类型

鱼病按其发病的原因，可分为下述三种类型：

1. 传染性鱼病

由致病微生物如病毒、细菌、黏细菌、真菌、单孢藻类和霉菌等病原体引起的鱼病，通称传染性鱼病。

2. 侵袭性鱼病（寄生虫病）

由动物性寄生虫引起的各种鱼病，称为侵袭性鱼病。

3. 其他因素引起的鱼病

不利于鱼类生活的物理的、化学的和生物的因素所引起的鱼病。如气泡病，泛池和各类水生昆虫对鱼类（尤其是苗种阶段）的危害等。

（二）鱼病的传播方式

鱼病的传播方式有以下几种，一是病鱼或“带菌

（寄生虫）者”直接与健康的鱼接触，传染给鱼群；某些患过病毒性鱼病的鱼通过鱼卵将疾病传给子代，引起鱼病。二是病鱼的粪便、带大量病原体的病鱼尸体、未经发酵的动物粪便，可将大量病原体散布水中，传染鱼群。三是被病源污染的池水、饵料、工具……未经消毒处理，引起鱼病的传播。四是病原体通过一些水生动物、食鱼动物（如水生昆虫、两栖类、爬行类、鸟类等）进行传播。

二、鱼病的诊断

鱼得病后，由于受病原体的作用，鱼体新陈代谢失调，正常的生理机能和生命活动遭到破坏，常常表现出如下三个方面特征：一是活动失常。离群独游，或在水面、池边缓慢游动，或忽上忽下；有的身体失去平衡侧卧，或在水中打转；有的甚至在水中狂游等。二是身体形态和体表出现一定的症状。多数病鱼体质瘦弱，体色发黑，或局部变淡，或充血发红，或糜烂。三是吃食能力下降或不吃食。

根据鱼的异常现象，可以初步判断鱼是否生病（表1－8、表1－9）

表1－8 常见鱼病发病季节、肉眼鉴别症状

病名	发病季节	肉眼鉴别症状
出血病	7～10月	肌肉、肠道等处出血
白皮病	5～11月	尾部发白，与前部颜色显著不同
赤皮病	终年可见，以5～9月甚	体表局部或大部充血、发炎，鳞片脱落

（续表）

病名	发病季节	肉眼鉴别症状
疖疮病	终年可见，以5~9月甚	体表有脓疮，用手摸有浮肿的感觉
细菌性烂鳃	4~10月	体色发黑，鳃丝腐烂发白，尖端软骨外露，鳃上污泥、黏液多，成鱼有“开天窗”症状
细菌性肠炎	4~10月	肛门红肿，严重者轻压腹部有血黄色黏液流出，肠道发紫红色，肠空
打印病	6~11月	尾部或腹部两侧出现圆形、卵形或椭圆形红斑，严重者肌肉腐烂成小潭，可见骨骼或内脏
白头白嘴病	5~7月	头部和嘴圈周围呈灰白色
鳞立病	3~5月	竖鳞，鳞下聚集透明液体，鳍附近皮下充血
鳗赤鳍病	4~11月	胸、腹鳍出血，肛门红肿，肠管出血发红等，严重者体表出现溃疡
水霉病	终年可见，以2~5月甚	体表菌丝大量繁殖，生长成丛，像旧棉絮状
鳃霉病	5~7月	鳃呈苍白色，有时有点状充血或出血现象，继而腐烂
车轮虫病	5~8月	鱼体瘦弱，离群独游，行动缓慢，无其他显著症状
隐鞭虫病	7~9月 2~5月	寄生于鳃：体黑，鳃丝鲜红，黏液多，不腐烂。寄生于皮肤：体瘦，无其他明显症状
口丝虫病	2~5月	体黑，鳃和皮肤覆盖有灰白色的黏液层，鳃丝淡红色或皮肤充血发炎
粘孢子虫病	5~7月 10~2月	寄生部位一般可见胞囊
疯狂病	4~12月	鱼体消瘦，尾巴上翘，在水中间隙性旋转狂游，脑颅内可找到胞囊

（续表）

病名	发病季节	肉眼鉴别症状
舌杯虫病	5~6 月	离群独游，行动缓慢，体黑，无其他特别显著症状
斜管虫病	12 月 3~5 月	皮肤和鳃的表面呈苍白色，或皮肤表面形成一层淡蓝灰色薄膜
白点病	12~6 月	体表、鳍条或鳃部布满白色小点或点状囊泡
毛管虫病	6~10 月	鳃丝鲜红，黏液多
球虫病	4~7 月	鳃苍白色，前肠壁有许多白色小结节病灶，同时肠管粗大
指环虫病	5~6 月	鳃黏液多，鳃丝暗灰或呈苍白色。严重者鳃部显著浮肿，鳃盖张开
三代虫病	4~5 月甚	肉眼仔细可见虫体。严重病鱼皮肤上有一层灰白色黏液膜
复口吸虫病	5~8 月	眼球充血和突出，甚至眼球脱落，脑部亦充血，后期眼珠混浊，呈乳白色
九江头槽绦虫病	5~6 月 12~1 月	肉眼可见肠道内有白色虫体，肠前端膨大像胃，肠皱襞萎缩，食物减少
舌状绦虫病	终年可见，	腹部肿大，剖开可见白色带状虫体
红线虫病	3~5 月 11~12 月	肉眼可见鳞片下有盘曲的红色虫体
毛细线虫病	5~7 月	解剖肠道，肉眼可见虫体
棘头虫病	5~8 月	解剖肠道，肉眼可见虫体
钩介幼虫病	5~6 月	肉眼仔细可见嘴部、鳍或鳃上有米色小点
中华鳋病	6~10 月	肉眼可见鳃丝末端挂着像蝇蛆一样的小虫
锚头鳋病	终年可见， 6~11 月为甚	肉眼可见体表上的虫体
鲺 病	终年可见 4~8 月为甚	肉眼可见体表上大的如小指甲，小的也有米粒大的虫体

（续表）

病名	发病季节	肉眼鉴别症状
鱼怪病	终年可见	鱼体胸鳍基部有一个黄豆大小的洞，洞内肉眼可见虫体
打粉病	5～6月	鱼体全身像裹了一层米粉的样子
气泡病	5～6月	肠道中有气泡，或体表、鳍条、鳃丝上附有较多气泡，鱼漂浮水面，沉不下去
跑马病	5～6月	鱼围绕塘边集队狂游长时间不止，像跑马一样
萎瘪病	终年可见	鱼体干瘪、枯瘦，头大尾小，背似刀刃
弯体病	6～7月	鱼体弯曲，有时鳃盖骨、嘴部、上下腭和鳍条都出现畸形

表1－9 常见鱼病各种寄生虫检查方法

检查方法	寄生虫名称
肉　眼	头槽绦虫、锚头鳋、鲺、舌状绦虫、毛细线虫、红线虫、棘头虫、中华鳋、鱼怪
低倍镜	黏孢子虫、车轮虫、舌杯虫、斜管虫、小瓜虫（成虫肉眼仔细观察也可看见）、毛管虫、指环虫、三代虫（肉眼仔细观察也可看见）、复口吸虫、钩介幼虫（肉眼仔细观察也可看见）
高倍镜	隐鞭虫、口丝虫、黏孢子虫、青鱼艾美虫

鱼病的诊断是一个十分复杂的问题，同一种病原体可以在不同的鱼类上表现出不同的症状，不同的病原体也可能表现出同一症状，同一种鱼类同一病原体在不同的养殖方式、水域环境条件下，有的不感染，有的则感染严重。如此，需细观善思。

三、鱼病防治常用药物

药物是防治鱼病的重要手段。只有对症下药，合理使用药物，才能取得疗效。

（一）外用药物（除个别药品外，禁止内服）

常用的药物有　漂白粉（有效含氯量为25%以上）、生石灰、食盐、敌百虫、硫酸铜、硫酸亚铁、高锰酸钾、二氧化氯、次氯酸钠、次氯酸钙、辛硫磷、马拉硫磷、二氯异氰脲酸钠、三氯异氰脲酸、氯氰菊酯、溴氯海因、苯扎溴铵、聚维酮碘、戊二醛、四烷基季铵盐络合碘等。这些药物常用浸浴、挂袋、挂篓、全池泼洒消毒的方法防治病毒、细菌、真菌、寄生虫类疾病。

（二）内服药物

常用的药物有　土霉素、青霉素、甲砜霉素、硫酸新霉素、磺胺嘧啶、磺胺甲基异唑、磺胺间甲氧嘧啶、诺氟沙星、盐酸沙拉沙星、蒽诺沙星、氟苯尼考、盐酸氯苯胍、恶喹酸、盐酸多西环素、盐酸小檗碱、三黄粉、大蒜、大蒜素等。常用于治疗全身性感染和胃肠道感染的疾病。

（三）其他用途药物

常用的药物有：驱虫的：甲苯咪唑、硫酸二氯酚、碘、敌百虫；增氧的：过氧化钙、过氧化氢；除藻、草的扑草净；诱食的食盐、盐酸甜菜碱；营养的单一维生素及复合剂以及其他中草药类。

四、鱼病防治方法

（一）治病原则

根据鱼病的类型、种类，病情轻重缓急，结合水域环境条件、养殖鱼类特性、对药物敏感程度、健康状况等确定治疗原则，“治标、治本或标本兼治”。在用药上“或攻或补，或攻补兼施”。在用药方法上“外消或内服，或外消内服结合”。在此基础上选择药物。

近几年淡水养殖品种不断增加，病原体不断变异，鱼病药物不断更新，由于不同种类的鱼对药物的耐受力不同，同一种鱼个体大小、体质好坏也有差异。因此，在没有先例的情况下，一定要进行小型药物试验，然后再应用到生产上。

（二）鱼病防治主要给药方式

1. 体外用药

体外直接把水体中的病原体和寄生于鱼体表的病原体杀灭。它不受病鱼食欲影响，无论病情轻重都可给药，并发挥药效。

（1）挂袋（篓）法　在食场（台）周围用竹竿悬挂细密的布袋或竹篓，内装药物（如敌百虫、漂白粉等），如发现挂药后 2 小时内没有鱼进食场（台）摄食，则说明药物太浓，应适当减少挂袋的数量（图 1－14）。

（2）全池遍洒法　准确测量水体，计算用药量。中草药应先切碎或研碎，经浸泡或煎煮，连渣带汁一起泼洒。化学药品一般使用木质或塑料容器装药液，药物必须充分溶解，加水稀释均匀，全池泼洒。从上风处开始

图 1－14 挂篓法或挂袋法

向下风处泼，泼药的时间一般选在下午进行，对硫酸铜等毒性大的药物，则应在上午 9 时左右，鱼类活动正常时方可泼药。

（3）浸洗法 容器内装上水，放入所需药量，待药物充分溶解后搅匀，将鱼放入药液中，记好水温和时间。

（4）涂抹法 在鱼体表患处涂抹较浓的药液，涂抹时鱼头向上，以防药物流入鱼鳃，引起中毒。

（5）浸沤法 将中草药捆扎成束，放在食场附近（上风处或池塘进水口等处）浸泡。

2. 体内用药

即药物通过体内吸收达全身而发挥疗效。

（1）投喂法　将粉状药物混入或煎汁浸入鱼喜食的饵料中，拌和黏合剂，制成适口的药饵投喂。

（2）注射法　鱼病防治常用的注射法有腹腔注射和肌肉注射。注射工具常用兽用连续注射器。肌肉注射一般在背鳍基部，向头部方向呈30～40°的夹角进针。注射深度以不伤脊椎骨为度。腹腔注射将针头沿胸鳍或腹鳍内侧基部斜向前方进针，深度依鱼大小而定。

病鱼用药后，应加强观察，随时做好急救准备工作，确保用药后鱼类安全。

五、鱼病防治综合措施

1. 保证水源充足

水质符合国标渔业水质标准（表1－10），进排水系统完善，同时对进入鱼类实行检疫，减少疾病发生和传播的可能性。

表1－10　渔业水质标准

项目序号	项　　目	标准值（毫克/升）
1	色、臭、味	不得使鱼、虾、贝、藻类带有异色、异臭、异味
2	漂浮物质	水面不得出现明显油膜或浮沫
3	悬浮物质	人为增加的量不得超过10，而且悬浮物质沉积于底部后，不得对鱼、虾、贝类产生有害的影响
4	pH值	淡水6.5～8.5，海水7.0～8.5

（续表）

项目序号	项　　目	标准值（毫克/升）
5	溶解氧	连续24小时中，16小时以上必须大于5，其余任何时候不得低于3，对于鲑科鱼类栖息水域冰封期其余任何时候不得低于4
6	生化需氧量(5天、20℃)	不超过5，冰封期不超过3
7	总大肠菌群	不超过5000个/升（贝类养殖水质不超过500个/升）
8	汞	≤0.0005
9	镉	≤0.005
10	铅	≤0.05
11	铬	≤0.1
12	铜	≤0.01
13	锌	≤0.1
14	镍	≤0.05
15	砷	≤0.05
16	氰化物	≤0.005
17	硫化物	≤0.2
18	氟化物（以F^-计）	≤1
19	非离子氨	≤0.02
20	凯氏氮	≤0.05
21	挥发性酚	≤0.005
22	黄磷	≤0.001
23	石油类	≤0.05
24	丙烯腈	≤0.5
25	丙烯醛	≤0.02
26	六六六（丙体）	≤0.002
27	滴滴涕	≤0.001
28	马拉硫磷	≤0.005
29	五氯酚钠	≤0.01
30	乐果	≤0.1
31	甲胺磷	≤1
32	甲基对硫磷	≤0.0005
33	呋喃丹	≤0.01

注：该表系中华人民共和国国家标准（GB11607－87），1990－03－01实施。

2. 彻底清塘消毒

按常规方法清塘消毒。

3. 鱼种消毒和疫苗防疫

鱼种消毒的方法、药物应因地制宜。通过消毒杀灭鱼体上的部分细菌和寄生虫，防止和减少鱼病发生。通过浸泡、注射疫苗，增强鱼体免疫力。

4. 饵料消毒

用药物（如漂白粉）杀灭在投饵和施肥过程中可能带入的各类病原体。

5. 食场工具消毒

每月 1 ~2 次在食场周围泼撒漂白粉（每次 250 克，溶于 12.5 千克水中）。发病鱼塘用过的工具一般采用暴晒一天，或用石灰水、漂白粉浸洗消毒，以防鱼病蔓延。

6. 加强饲养管理

专人负责，严格掌握投饵“四定”和施肥原则。保证良好的水质。坚持巡塘，预防浮头、泛池发生。及时捞出残渣剩饵、死鱼，以免鱼病传染。操作中应认真仔细，以免碰伤鱼体感染疾病。

7. 培养选育抗病力强的新品种

我国主要养殖鱼类的建议营养指标见表 1 – 11。

表 1－11　我国主要养殖鱼类的建议营养指标

（每千克饲料中各种营养的含量）

营养物	鱼名							
	青鱼			草鱼			鲤鱼	团头鲂
	1 龄	2 龄	3 龄	1 龄	2 龄	3 龄	2 龄	2 龄
粗蛋白(克)	410	330	280	300	250	200	280	250
精氨酸	28.1	22.6	19.2	20.9	17.5	14.0	19.2	17.5
组氨酸	9.2	7.4	6.3	6.4	5.3	4.2	6.3	5.3
亮氨酸	30.2	24.2	20.6	25.5	21.3	17.0	20.6	21.3
异亮氨酸	17.0	13.7	11.6	14.7	12.3	9.8	11.6	12.3
赖氨酸	32.8	25.6	21.7	21.3	17.8	14.2	21.7	17.8
蛋氨酸（存在胱氨酸）	6.3	5.8	4.9	4.9	4.1	3.3	4.9	4.1
苯丙氨酸	15.7	12.7	10.8	11.2	9.3	7.5	10.8	9.3
苏氨酸	19.8	15.9	13.5	12.7	10.6	8.4	13.5	10.6
色氨酸	3.5	2.8	2.4	2.4	2.0	1.6	2.4	2.0

（续表）

营养物	鱼名							
	青鱼			草鱼			鲤鱼	团头鲂
	1 龄	2 龄	3 龄	1 龄	2 龄	3 龄	2 龄	2 龄
缬氨酸	21.2	17.1	14.5	13.0	10.8	8.6	14.5	10.8
粗脂肪（克）	55	50	46	48	45	42	46	45
无氮浸出物（克）	250	340	385	365	380	425	385	380
能量（千焦）	13116.8	13095.9	12861.6	12936.9	12238.2	12041.6	12861.6	12238.2
矿物混合剂	10	10	15	15	15	15	15	15
维生素混合剂（毫克或国际单位）								
维生素 B_1	5	5	5	20	20	20	5	20
维生素 B_2	10	10	10	10	10	10	10	10
维生素 B_6	20	20	20	10	10	10	20	10
烟酸	50	50	50	50	50	50	50	50

（续表）

营养物	鱼名							
	青鱼			草鱼			鲤鱼	团头鲂
	1 龄	2 龄	3 龄	1 龄	2 龄	3 龄	2 龄	2 龄
泛酸钙	20	20	20	20	20	20	20	20
叶酸	1	1	1	1	1	1	1	1
氯化胆碱	500	500	500	500	500	500	500	500
抗坏血酸	50	50	50	50	50	50	50	50
维生素 B_{12}	0.01	0.01	0.01	0.01	0.01	0.01	0.01	0.01
维生素 A(IU)	5000	5000	5000	5000	5000	5000	5000	5000
维生素 D_3(IU)	1000	1000	1000	1000	1000	1000	1000	1000
维生素 E	10	10	10	10	10	10	10	10
维生素 K	3	3	3	1	1	1	3	1

注:1. 草鱼、鲂鱼,在添喂草料条件下,可省略维生素添加剂。
2. 维生素添加剂中,生物素和肌醇是否需要添加及添加量尚未确定。
3. 此表引自上海水产研究所,1982 年。

第二章

淡水优质水生动物养殖①

市场需求刺激了名优水产养殖业的迅速发展，由于养殖名、优水产动物具有经济效益显著的优势，受到了水产专家和养殖户的极大关注。近十余年引进、开发的品种不下数十种，除部分养殖种类技术成熟外，其他许多技术还需在生产实践中总结提高。

池塘养鱼综合技术措施不同程度的都能在养殖水生动物中运用，是养殖名优水产品种的基础。

第一节 大口鲇养殖

大口鲇肉质细嫩，味道鲜美，无肌间刺，腴而不腻，深受广大消费者喜爱。生长速度快，只需 5 ~ 7 个月就能上市。适应范围广，食性可以改变，苗种易得，

① 该章鱼类分类以中国著名鱼类学家王以康教授所著之《鱼类分类学》为主要依据。

抗病力强，适合人工养殖。消费市场广阔、经济效益较高。

一、生物学特性

大口鲇原名南方大口鲇、鲇巴朗（四川）。它是以鱼为食的大型经济鱼类。头部宽扁，胸腹部粗短，尾部长而侧扁，眼小口大，牙齿细密锐利，须两对，背鳍短小无硬棘，胸鳍硬棘内侧光滑，体表无鳞（图2－1）。富有黏液，肠短，有胃。生存适温0℃～38℃，生长适温12℃～31℃，最佳生长水温25℃～28℃。低于18℃和高于30℃时生长缓慢，32℃时完全停食。溶氧3毫克/升以上时生长正常，5毫克/升以上时生长速度最快，饵料转化率最高。pH值适应范围6.0～9.0，最适范围为7.0～8.4。大口鲇属底层鱼，白天多集群潜伏于池底弱光处隐蔽，夜晚分散到整个水域中活动觅食。不善跳跃，易捕捞。鱼池里分布在池边、池角和深水处，特别善于随水流逃逸。4龄达性成熟。

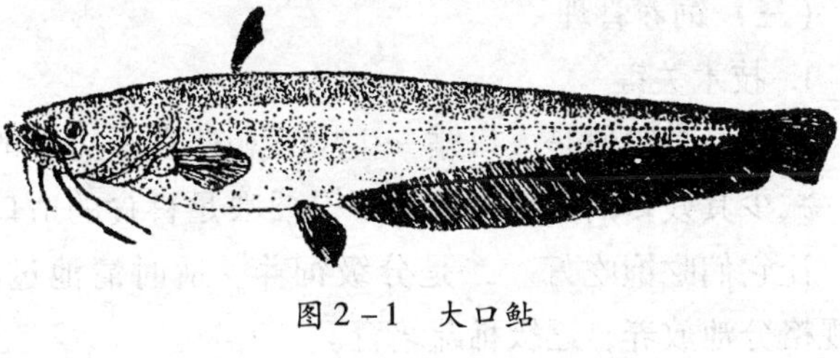

图2－1 大口鲇

二、鱼种培育

（一）鱼池条件

水泥池面积100～300平方米、水深1米以上，底部略倾斜以利排水。土池面积1～3亩，硬底。

（二）养殖生产工艺流程

水泥池每平方米放养夏花鱼种100～200尾。当池内鱼种多数达5厘米长时，清池过筛，按大小分池放养，大鱼的放养密度为每平方米20～40尾。当池内鱼种多数达8厘米时，又清池过筛，大鱼种的放养密度降到每平方米15～20尾。待鱼种长到10厘米长，就可放入各类水体进行成鱼养殖。养殖过程注意清池过筛工作一定要认真彻底。

土池由于面积较大，不便于彻底清池过筛和分级培育，采用直养法。亩放夏花鱼种1万尾，一直培育到8～10厘米的规格出塘。也可按亩放夏花2万～3万尾，培育过程中适时抽捕。

（三）饲养管理

1. 技术关键

鱼种培育阶段是大口鲇一生中互相残食最厉害的时期，减少其残食的关键措施，一是要喂足喜食的适口饵料，让它们吃饱吃好。二是分级饲养。适时清池过筛，分规格分池放养，逐级稀疏培育。

2. 驯食

鱼种全长达5厘米以前投喂水蚯蚓、鱼肉糜等鲜活饵料，达5厘米时开始驯化转食，投喂专用的添加了诱食剂的人工配合饵料。驯食过程中日投饵由 2 次增加到 3～4 次，投喂 5～7 天即可完成转食驯化。

3. 投饵技术

（1）饵料　大口鲇鱼种饵料的营养指标：粗蛋白质 42%～45%、粗脂肪 4%～8%、糖 20%～30%、粗纤维 3%～5%。参考配方：鱼粉（含蛋白质 60% 以上）33%、蚕蛹（饲料一、二级干品）8%、肉骨粉（优质）9%、肠渣粉（不氧化）13%、血粉（喷雾或酶化）8%、酵母（饲料级）4%、三级面粉 20%、黄豆油 2.5%、维生素、矿物质添加量 2.5%。

（2）“四定”投饲。①定时：投饵时间相对固定，转食驯化完成后随鱼体增长，日投饵次数从 4 次逐渐减为 2 次。

②定位：从转食驯化时起设置饵料台，饵料台多用竹筛内衬 25～40 目的聚乙烯纱窗布。通常 60 平方米的鱼池设 1～2 个饵料台，1～3 亩的鱼池设 6～10 个饵料台。投饵时，一边敲击发出声响，一边将饵料缓缓投入食台，逐步让鱼形成条件反射，闻声即争先恐后上台抢食。每隔 3～5 天，稍微挪动一下饵料台位置，以免残饵、粪便堆积腐臭影响鱼的摄食。

③定质：饵料要精细加工，不喂霉变饵料，保证鱼种的营养需要。饵料为黏合性好的团状饲料。

④定量：日投饵量与鱼的规格、水温、溶氧、饵料质量等因素有关。水质好、天气晴、摄食旺时可适当多喂；炎夏高温白天少喂傍晚多喂。以每次投饵后在 1 小时内基本吃完为标准。

4. 日常管理

适时加注新水，保证良好的水质和 30～40 厘米的透明度。坚持每天洗晒饵料台，每周用生石灰消毒一次食场，每隔 15～20 天，用生石灰 10～20 毫克/升对水体消毒，养殖期内及时清池过筛、分级稀养并注意安全。

（四）大口鲇苗种的运输

常用的运输方法是以尼龙袋充氧后车运或空运。苗种装运密度与鱼种的规格、水温、运距等因素有关。气温 22℃～28℃、水温 21℃～27℃，运输时间 10～16 小时，成活率达 90% 以上的装密度大致为：3～4 日龄的水花鱼苗，每袋（70 厘米×40 厘米）装 0.5 万～2 万尾；全长 2 厘米左右的乌仔每袋装1000～1500尾；全长 3 厘米左右的每袋装夏花 700～1000 尾；全长 5 厘米的鱼种每袋装 100～200 尾；全长 8～10 厘米的大规格鱼种每袋装 30～50 尾。高温天气时宜另袋装冰降温。

装袋运输前停食并将大口鲇苗在捆箱里暂养数小时，以排尽粪便，吐出食物。运输途中，如发现袋内水变浑浊呈乳白色，应立即换水。

三、商品鱼饲养

（一）池塘主养大口鲇

1. 池塘条件

成鱼池面积一般 1～3 亩，水深 1.5～2.5 米，淤泥深 5～10 厘米，水源充足，水质符合国家渔业用水标准，进、排水系统完善，或者配备有增氧机、抽水机等渔业机械。蓄水池、山平塘、坑凼等只要水源条件适合，清底护埂后，均可以饲养大口鲇成鱼。

鱼种放养前7~10天用生石灰清塘消毒，3天后注水到1米深，5~7天后就可投放鱼种，放鱼前先“试水”。

2. 鱼种放养

依据商品规格大小，鱼池环境条件、饲养管理水平、鱼种来源及资本等综合平衡决定放养规格和密度（表2-1）。

表2-1 大口鲇鱼种放养与成鱼收获情况参考

鱼池综合条件	鱼种规格（厘米）	放养密度（尾/亩）	成活率（%）	出池规格（克/尾）	产量（千克/亩）	备注
好	3~4 5~7 8~10	3000 2000 1000	45~60 65~80 85~95	250 400 550	300 420 500	配养100~150尾鲢、鳙鱼种，可收获成鱼50~100千克
较好	3~4 5~7 8~10	2500 1500 800	40~55 60~70 80~90	200 300 500	250 300 340	配养130~180尾鲢、鳙鱼种，可收获成鱼75~125千克
一般	3~4 5~7 8~10	2000 1000 700	40~50 60~70 70~80	200 300 400	180 200 230	配养180~250尾鲢、鳙鱼种，可收获成鱼120~150千克

鱼种要求膘肥体壮、无病无伤、活动机敏、弹动有力。同一池塘所放鱼种的规格大体一致。

主养大口鲇的鱼池，搭配一定数量的大规格鲢、鳙鱼种，可以利用池水中丰富的浮游生物和残饵，改善水质条件。

3. 饲养与管理

大口鲇当年鱼苗当年就能养成尾重500克以上的商品鱼上市。由于大口鲇是凶猛的肉食性鱼类，宜采用“鱼种一次性放足、成鱼一次或分次出池”，利用季节差和规格价差提高养殖经济效益。

（1）饲料及投喂　人工配合饲料营养指标为：粗蛋白质36%～42%、粗脂肪6%～10%、糖22%～28%、纤维素4%～6%。参考配方：鱼粉（含粗蛋白质60%）26%、蚕蛹（饲料一、二级）8%、肉骨粉8%、肠渣粉9%、酶化血粉（含粗蛋白质50%）6%、饲料酵母（含粗蛋白质50%）2%、熟豆粕8%、菜子粕5%、黄玉米3%、小麦粉20%、黄豆油2%、维生素、矿物质添加量2%。

粉状大口鲇饵料加水揉成黏合性好的团状饲料，投放在食料台上，日投饵1～2次。投饵应遵循“四看”、“四定”原则。生产上确定日投饵量：一是池鱼能在1小时内把投喂的饵料基本吃光；二是根据鱼的生长情况综合判断进行调整。

也可投喂动物性饵料，如各种野杂鱼、泥鳅、家鱼、罗非鱼繁殖的子代以及水、陆生蚯蚓，蝇蛆，螺蚌肉，禽畜内脏，冰鲜低值鱼等。这类饵料大口鲇爱吃，苗种不必进行驯化转食，日投饵1～2次，饲养管理简单，饵料系数大致为：小型野杂鱼（包括家鱼苗种）为2.7～5.1，泥鳅2.53～4.94，螺蚌肉12.7～18.3，陆生蚯蚓7.8～9.9，猪肺、牛肠等为5.5～7.3。

(2) 日常管理　一是加注新水，调控好水质；二是加强病害防治；三是注意安全，尽量避免大口鲇出现浮头现象。

(二) 池塘配养大口鲇

根据主养鱼的规格和野杂鱼的多寡确定投放大口鲇鱼种的规格与数量。通常每亩水面投放8~13厘米长的大口鲇鱼种10~30尾。亩增收商品大口鲇10~30千克。

(三) 网箱饲养大口鲇

1. 网箱及其设置

网箱为聚乙烯网箱，一级箱网目为0.6~0.8厘米，二级箱网目为1.5~2.0厘米的有结聚乙烯网箱。三级箱网目为3~4厘米的有结聚乙烯网箱。常用规格为5米×5米×（2.5~3）米、4米×4米×（2.5~3）米。鱼种箱单层敞口式。成鱼箱双层使用，内箱为封闭式，外箱为敞口式，外箱网目略大于内箱网目。

网箱架设按常规，箱距1~2米，行距1~3米，组距大于250米。设置网箱的水域应开阔、向阳、有一定风浪或缓流水，水深4米以上，透明度0.8米以上，全年22℃以上的水温有4~5个月，pH值为7左右。网箱应在鱼种放养前7~10天入水。

2. 鱼种放养

4~5厘米规格鱼种进入一级鱼种培育箱，每平方米放300~400尾。达到8~10厘米规格时清箱过筛，按大、小两个规格分箱饲养，大鱼种每平方米放150~200尾。当鱼种规格达到13厘米时，转入二级鱼种箱饲养，每平方米放100～150尾。当鱼体重达到每尾50克左右时，转入三级成鱼箱饲养，每平方米放60～80尾；达0.25千克后，每平方米放20～40尾。

鱼种放养时注意尼龙袋内外水温差，并做好鱼种消毒工作。用尼龙袋充氧运输时间较长的鱼种，开袋放鱼时不宜立即进行药浴消毒处理，可在第二或第三天补上。

3. 饵料投喂

（1）饵料　配合饵料营养指标见表2－2。

表2－2　网箱养鲇配合饵料营养指标

鱼种规格	粗蛋白质（%）	粗脂肪（%）	粗纤维（%）	糖（%）	动植物蛋白比	用　途
4～10厘米	48～45	4～9	4～6	20～25	5:1	鱼种转食饲料
10～17厘米	42～40	5～8	4～6	22～25	4:1	常规鱼种饲料
40克/尾	40～37	6～8	4～8	25～28	3:1	成鱼饲料
350克/尾	35～32	8～10	4～8	30～35	2:1	保膘饲料

注：软湿饵料的适口性更好，鱼种转食饵料最好是现做现喂。

（2）投饲　网箱内设置饵料筐1个，悬吊于距底20～30厘米处，饵料一次性投进饵料筐内。日投饵两次，早晚各一次，投饵量以傍晚为主。一般全长4～13厘米的鱼种日投饵量为鱼体重的8%～10%；全长14～23厘米的为鱼体重的5%～7%；全长23厘米以上的，日投饵量为鱼体重的0.1%～3%。越冬期间根据水温与天气状况在午后少量投饲。生产上掌握适宜投饵量的技巧，一是投饵1小时后检查饵料筐内残饵的有无与多少；二是仔细观察投饵时饵料筐上方“二层水”中鱼群“阴影”的变化情况，“阴影”大，说明鱼群正在密集抢食，“阴影”逐渐变小、变淡，直至消失，投饵即可结束。

4. 日常管理

（1）转食驯化　鱼种进箱后停食1～2天，进行转食驯化，驯化技术同鱼种培育。少量投喂转食饵料于筐内，诱其摄食，日投喂3～4次。每次要把剩饵全部倒掉并将饵料筐洗刷干净后再喂新料。吃食正常后逐步减少到日投喂2～3次，5～7天后基本能达到改吃配合饲料。

（2）分级饲养　分级饲养是提高鱼种成活率加快生长的关键措施之一。定期过筛，分大小规格并调整放养密度，使每只箱内鱼种规格较为相近。

（3）鱼病防治　网箱提前下水，让藻类附着在网衣上。进箱鱼种用高锰酸钾浸浴消毒；筛鱼、分选时尽量减少鱼体机械损伤。每隔一段时间，用生石灰浆泼洒箱体及附近水域；饵料筐上方，用强氯精、敌百虫、硫酸铜与硫酸亚铁合剂交替挂袋每月一次；7～9月用土霉素或磺胺药做成药饵投喂。

（4）清洗网箱，保持水交换通畅。防大风浪网箱沉没或箱破逃鱼。

（5）同一地点连续养鲇三年后，应移动网箱设置地点。

四、病、敌害防治

已知的大口鲇病害有二十余种，常见的或危害严重的疾病苗种阶段有白头白嘴病、白尾病、出血病、小瓜虫病，成鱼阶段易患肠炎、鳜病。亲鱼易患打印病、烂尾病等。大口鲇的敌害有水蜈蚣（龙虱幼虫）、水网藻、水鸟、蛙、蛇等。

（一）白头白嘴或白尾病

由细菌引起。症状是头部、嘴圈或肛门之后尾部皮肤发白，在水中十分明显，全长 2～5 厘米的苗种易生此病。防治方法：①用 0.3 毫克/升的二溴海因或溴氯海因加水全池遍洒，隔天一次，连用 2～3 天。②用 2.5% 的食盐加少许醋浸洗病鱼。③用 0.5～1.0 毫克/升的聚维酮碘全池遍洒。

（二）出血病

本病的症状是体表局部或大部充血发炎，鳍基和腹部呈红色，有时头顶有明显的红斑。5～8 月的大小鱼种易患此病。防治方法：该病来势猛、死亡率高，尚无有效的治疗药物。大黄氨水浸出液对该病有一定的疗效，或用“出血康”，100 千克鱼用药 30～50 克拌饵内服，连续用药 5～7 天。

（三）小瓜虫等原生动物引起的寄生虫病

当小瓜虫大量寄生在鱼的体表、鳍条和鳃上时，肉眼可见有许多小白点。小瓜虫病常引发大批苗种死亡。防治方法：①小瓜虫病用 0.05～0.1 毫克/升的曼尼期碱精素对水全池泼洒，隔天再泼一次。②斜管虫和车轮虫并发症用0.4毫克/升的硫酸铜全池遍洒防治。③孢子虫能在鱼体各个部位寄生，形成奶黄色或乳白色大小不一的孢囊，防治方法：用1毫克/升的晶体敌百虫液浸浴，再用0.2毫克/升的晶体敌百虫遍洒。

（四）肠炎病

本病初期仅见臀鳍基部发炎充血，接着肛门红肿，离群独游，随之死亡。死鱼肠道发炎、充血、溃烂。往往大鱼先死。防治方法：不喂霉变腐烂的饲料，定期给饲料添加0.05%~0.1%的鲜大蒜汁，结合水体泼洒0.3毫克/升的溴氯海因或在100千克饲料中添加“肠鳃宝”50~100克。每天早晚各喂一次，连喂3天。

（五）烂鳃病

本病早期可见病鱼有少量鳃丝腐烂、体色变黑、不吃食，常到水面吞咽空气，接着有死鱼出现，死鱼的鳃丝上有很多黏液和污泥，且多半鳃丝已腐烂。防治方法：定期泼洒0.2~0.3毫克/升的季铵盐络合碘，或用0.1~0.2毫克/升的二氧化氯遍洒，同时投喂“肠鳃宝”，100千克饲料中用50~100克药，连续3~5天，疗效较好。

（六）锚头鳋或鲺病

锚头鳋和鱼鲺的个体较大，肉眼可见。用0.4毫克/升的晶体敌百虫全池遍洒，每天一次，连用2~3天，防治效果很好。

大口鲇是无鳞鱼，对各种药物比有鳞鱼敏感，用药浓度和药浴时间要从严掌握，药量均应低于常规用量。药浴时间必须视水温高低与鱼体大小灵活掌握。多数时间用药3小时后即向鱼池大量冲换水，以防造成急、慢性药害，在施药4小时内必须监视鱼情。

第二节　长吻鮠成鱼养殖

长吻鮠肉质细嫩，肉味鲜美，含脂量高，膘肥厚，干制后为名贵鱼肚，有“不食江团，不知鱼味”之说，为高级宴席上的佳肴，是我国特有的名贵淡水经济鱼类。长吻鮠商品鱼的饲养以池塘和网箱养殖为主。一般2~3年养成商品鱼，投入产出比1∶1.7以上。

一、生物学特性

长吻鮠俗称江团（图2-2）。为江河底层的肉食性鱼类，在水流较缓的河口、深潭内活动，冬季在干流深水处或水下乱石夹缝中越冬，喜夜间捕食。幼鱼主食水生昆

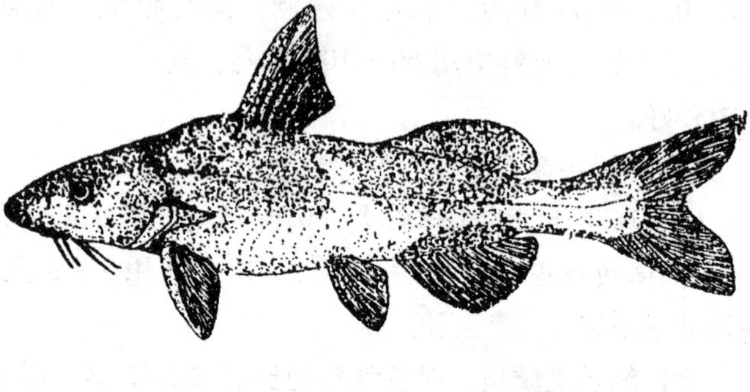

图2-2　长吻鮠

虫，兼吃植物性食物。成鱼食性广泛，除捕食鳑鲏、麦穗

鱼等小型鱼类外，还摄食虾、蟹及其他甲壳类、螺类、水生昆虫和水蚯蚓等。生存温度0℃～38℃，生长适温15℃～30℃，最佳生长水温为25℃～28℃，pH 值 7.5 左右，易捕捞，含肉率高达 74.2%，蛋白质含量 16.88%。

长吻鮠个体大，生长快，3 龄性成熟，雄鱼比雌鱼个体大。4～6 月为产卵期，在水流较缓的急流滩尾产卵。

二、池塘饲养

（一）池塘条件

有充沛的水源，水质符合渔业用水标准，配备增氧机、抽水机等渔业机械，进排水系统完善。1～3 亩的长方形鱼池较为适宜。水深 1.5～2.5 米，池底淤泥在 10 厘米左右，pH 值 7.0～8.4。

放养前 10 天，按常规方法用生石灰严格消毒池塘，3 天后注水 1 米深，5～7 天后“试水”放养鱼种。

（二）鱼种放养

放养密度与鱼池条件、鱼种规格、饲养管理水平以及食用规格大小等因素有关。一般来说：亩放 30 克/尾以下鱼种1200～1500尾，当年尾重可达 200～300 克；亩放30～50 克/尾鱼种1000～1200尾，当年尾重可达 250～450 克；亩放 50～100 克/尾鱼种 600～800 尾，当年尾重能达到 400～650 克的商品规格。亩放 250～400 克/尾鱼种400～500 尾，当年尾重达 1 千克以上。

鱼种必须膘肥体壮、无病无伤、色泽鲜亮、活动正常，畸形率在 5% 以下，经严格消毒后下池。长吻鮠性情温和，抢食能力较差，加之饵料单价高，因此主养长吻鮠的成鱼池，一般不能混放鲤鱼、鲫鱼、草鱼、罗非鱼等吃食性鱼类。每亩水面可搭配50～250克/尾的鲢鱼50～100尾、鳙鱼20～50尾，以利用水体中丰富的浮游生物资源和残饵碎屑，既增加鱼产品，又改善水质。

（三）饵料及其投喂

1. 饵料

（1）纯动物性饵料　包括低值活鱼虾、冰鲜低值鱼、水陆生蚯蚓、昆虫幼虫、禽畜内脏、螺蚌肉等。

（2）人工配合饵料　经短期驯食的长吻鮠鱼种能够很好地摄食人工配合饵料。成鱼所需饵料营养指标：蛋白质36%～42%、脂肪6%～9%、糖20%～27%、纤维素4%～8%，维生素、矿物质适量。参考配方：含粗蛋白质50%的鱼粉35%、酶化或喷雾血粉10%、饲料酵母5%、熟豆粕22%、黄玉米3%、小麦粉20%、黄豆油2%、维生素合剂1%、矿物质合剂2%。

2. 投饵

（1）驯食　为了培养长吻鮠鱼种上饵料台取食，投饵时，先敲击盛饵料的容器发出声响，然后投少许饵料于食台上，使鱼逐步形成上台觅食的条件反射。食台用竹筛内衬40目聚乙烯纱窗布制作。一般每亩鱼池设置6个食台，分放在鱼池四周距壁1～1.5米处。这样既便于检查鱼的摄食情况，也易于清除残饵。

（2）投饵技术　投饵要坚持“四看”与“四定”。“四看”就是看季节、看天气、看水质、看鱼的吃食与活动情况确定当日的投饵量。“四定”即定时、定位、定质、定量投喂。日投饵两次，上午8~10时和下午4~5时各投饵一次。盛夏投饵时间改在早晚；秋末和冬季水温下降到7℃~15℃时，将投饵时间改在晴天午后的1~2时。每次投饵量以池鱼能在1~2小时内基本吃完为准（投颗粒饲料可参照网箱养长吻鮠的方法进行）。不要随便更改配方中的主要原料，否则长吻鮠会拒食3~10天。

池塘养殖长吻鮠日投饵率见表2-3。

表2-3 池塘养殖长吻鮠日投饵率（%）

水温（℃）	尾重（克）				
	40~100	101~200	201~400	401~700	701
16	0.2	0.1	0.05	0.05	0.03
17	0.3	0.2	0.1	0.1	0.25
18	0.4	0.3	0.2	0.2	0.1
19	0.5	0.4	0.3	0.3	0.2
20	0.7	0.6	0.4	0.4	0.3
21	0.9	0.8	0.6	0.5	0.4
22	1.2	1.0	0.8	0.6	0.5
23	1.5	1.3	1.0	0.8	0.6
24	1.8	1.6	1.2	1.0	0.7
25	2.2	1.9	1.5	1.2	0.8
26	2.6	2.3	1.8	1.5	0.9
27	3.0	2.6	2.1	1.8	1.0
28	3.5	3.0	2.5	2.1	1.1
29	1.9	1.4	1.0	0.7	0.3
30	0.5	0.4	0.3	0.2	0.1

（四）日常管理

经常向鱼池加注新水，高温季节和天气闷热时要加大进水量。水源充沛，常年有微流水入池则更好。每月每亩水面泼生石灰 10～15 千克一次，起到调节池水的 pH 值和杀菌消毒等作用。要确保安全，认真做好鱼病防治工作。每月用生石灰、强氯精、敌百虫等交替防治鱼病一次，并用土霉素或磺胺药制成药饵内服 3～5 天。其他同常规。

三、网箱饲养

（一）网箱水域的选择

水面开阔、向阳，有一定风浪或有缓流水的地方。水深在 3 米以上，透明度 1 米以上，溶氧大于 5 毫克/升，pH 值为 7～8.4。一次洪汛的浑水期不超过 7～10 天，全年 22℃以上的水温有 150～180 天。

（二）网箱及其设置

网箱为双层，外箱比内箱大 0.5 米，内外箱间可适量套养性情温和如团头鲂之类的吃食性鱼类。内箱目大 2～2.5 厘米，外箱目大 3～3.5 厘米，规格为 3 米×3 米×2 米、4 米×4 米×（2.5～3）米、5 米×5 米×3 米，网箱的布局可采用“品”字形双排结构，也可采用“一”字形单排结构，箱距 0.5～1 米，行距 1～3 米，组距大于 250 米。

（三）鱼种放养

鱼种放养前 7～10 天网箱下水上架，让网衣上附着一些藻类，减轻网衣对鱼体的擦伤。头年的 10 ~ 11 月至翌年 3 月下旬之前将鱼种放入成鱼箱，同箱鱼种的规格尽可能整齐一致。进箱前用 10 毫克/升的高锰酸钾浸浴消毒。鱼种放养的规格与密度见表 2 – 4。

表 2 – 4　放养鱼种的规格与密度，

鱼种规格（克/尾）	放养密度（尾/立方米）	成鱼规格（克/尾）
50 ~ 100	25 ~ 40	>500
100 ~ 200	20 ~ 30	>650
200 ~ 300	15 ~ 20	>750
300 ~ 500	10	>1000

（四）饵料及其投喂

长吻鮠成鱼饵料主要营养指标见表 2 – 5。

表 2 – 5　长吻鮠成鱼饵料主要营养指标

鱼种规格（克/尾）	粗蛋白质（%）	粗脂肪（%）	粗纤维（%）	碳水化合物（%）	动植物蛋白比
50 ~ 100	42 ~ 45	6 ~ 8	4 ~ 6	22 ~ 25	3∶1
100 ~ 200	40 ~ 42	6 ~ 8	4 ~ 6	22 ~ 28	2∶1
200 以上	38 ~ 40	6 ~ 10	5 ~ 7	25 ~ 30	2∶1

成鱼饵料加工成直径 3 ~ 5 毫米的硬粒，也可将配合好的粉料揉成团状饲料现喂。日投饵 2 次，上午 8 ~ 10 时和傍晚各一次。网箱内设置饵料台（即食台），10 平方米以内的小网箱设 1 个，16 ~ 25 平方米的网箱设 2 个。饵料台悬吊在离箱底 20 厘米处。鱼种进箱后按池塘驯食的方法，敲一下，撒一小把颗粒饵料，经 5 ~ 7 天驯化即可正常投喂。投颗粒饵料采用手撒法，要抓得少，撒得慢。投饵时，鱼群逐步密集摄食，“阴影”大，

摄食高潮过后，“阴影”会逐渐变小并消失，投饵结束。网箱饲养长吻鮠日投饵率在池塘养殖日投饵率的基础上增加0.5%。喂团状饲料采用一次性沉入法。观察鱼群“阴影”的变化，投饵1~2小时后检查饵料台上残饵的有无与多少,调整投饵量。

（五）日常管理

长吻鮠虽属肉食性鱼类，但几乎不自相残食，相近规格同批放养的鱼种，其生长速度也较接近，所以成鱼饲养期间一般可以不筛选分箱。随着鱼体长大，调换大的网目，利于水体交换，提高网箱的负载量；减小密度，有利于加速鱼的生长，减少疾病的发生，因此，进行分级饲养是科学的。长吻鮠网箱日常管理工作一是保证良好的水质，高的溶氧，箱内外水体交换通畅。水质出现恶化征兆时，应移动网箱。二是网箱安全。三是做好鱼病预防工作。

四、病害防治

已发现的长吻鮠病害有20多种，在苗种阶段较易暴发流行，造成的损失也较严重；成鱼阶段只要认真贯彻综合预防措施，一般较少患病，即使患病，大都能够治愈。

（一）综合预防措施

严格清塘消毒并用高锰酸钾浸浴。坚持“四看”、“四定”投饵。千方百计调控好水质，定期用生石灰、阿维菌素、强氯精等药物全池遍洒，同时结合药饵内服；定期对食台、网箱及其周围水域消毒。

网箱养殖长吻鮠预防疾病的最有效措施，就是将网箱设置在有一定风浪或有缓流条件的敞水区，放置网箱的密度不能太大，网箱内鱼种放养密度也不宜太大，枯水期要经常移动网箱位置。

（二）几种常见病、多发病的防治方法

1. 肠炎病

发病初期肛门不一定红肿，腹部也不一定肿胀、剖开鱼腹，大多为空肠，但可见食道和前肠充血发炎，严重者全肠发炎呈浅红色，脓血充斥肠管。防治方法：①禁喂腐败变质的饲料；②用 0. 2 ~0. 3 毫克/升的强氯精全池泼洒，同时在每 100 千克饲料中拌入“肠鳃宝”50 ~100 克，每天早、晚各投喂一次，连喂 3 天为一个疗程。

2. 烂鳃病

病鱼体色发黑，离群缓游，鳃丝带泥、多黏液、腐烂。死鱼的鳃盖和嘴常张开，鳃发白，可见鳃盖骨外露。防治方法：①清除池底淤泥，多用生石灰消毒；②用0. 1 ~0. 2 毫克/升的二氧化氯全池泼洒；投喂“肠鳃宝”药饵，用量同上，5 天为一个疗程。

其他常见病如斜管虫、车轮虫病、锚头鳋、鲺病、水霉病等的防治方法可参见《鱼病防治手册》等书籍。长吻鮠对常用水产药物的忍受力较差，防治病害时，应对用药种类严格选择，先试后用，计量准确。长吻鮠对敌百虫、孔雀石绿、硝酸亚汞和硫酸铜等敏感，应慎用。

第三节 鳜鱼成鱼养殖

鳜鱼肉质鲜嫩爽，营养丰富，蛋白质含量高，民间常作为滋补品。鳜鱼肉无肌间刺，老幼皆宜，是我国特有的名贵淡水鱼，经济价值高，市场前景好。鳜鱼养殖方式包括池塘单养、套养、网箱养殖……多种方式，是一种很有前途的养殖品种。

一、生物学特性

鳜鱼，又叫桂鱼，目前人工养殖的主要是翘嘴鳜。体高而侧扁，背部隆起，头尖长，吻突，口大齿利，下颌向前突出，鳞细鳍大，尾鳍圆形，体色随环境而不同(图 2－3)。在水较混浊的江河里为棕黄色，腹部灰白；在湖泊、池塘中，则呈暗灰绿色。自吻端通过眼部至背鳍前部有一条黑纹，体侧有许多不规则的斑块和斑点，背鳍上有棕色斑点连成带状。

鳜鱼喜栖息在水质清澈的江河、湖泊和池塘等水域中，对水体溶氧要求 4 毫克以上。鳜鱼属广温性鱼类，无论在水温 0℃以下或 33℃以上都能生存，其最适水温为 22℃～30℃。食欲旺盛，生长速度快。每年春暖花开，从深水区向浅水区洄游，白天有卧穴的习性，夜间喜在水草丛中觅食。

鳜鱼雄鱼 3 龄成熟，雌鱼 4 龄成熟，怀卵量达 4 万～15 万粒。产卵季节 6～8 月。是典型的肉食性鱼

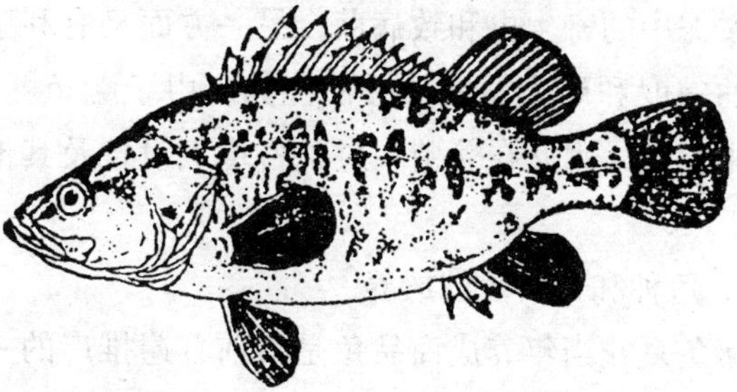

图 2－3 翘嘴鳜

类，幼鱼刚孵出不久就能吞食其他鱼苗。长到 4 厘米时转为以小虾类为主要食料，体长 10 厘米以上，食小型鱼类为主，有时同种鱼也相互残食。鳜鱼有一球形的胃，壁很厚，能随食量增加而膨大。鳜鱼借助感觉器官游向捕获物，然后短距离猛扑吞食。饵料供应充足，从 10 克的鱼苗养成 400 多克的商品鱼约需 120 天。

二、池塘单养

（一）夏花当年养成商品鱼

1. 池塘条件

水源充足，水质良好，溶氧在 4 毫克/升以上，无污染，不含有毒物质，注排水方便。池塘形状整齐，面积不宜过大，一般为 1～3 亩，水深以 1.5～2.5 米为好。以廉价鲢、鳙鱼种为饵料时，塘宜浅，以底栖鱼类银鲫等作为饵料鱼时，池塘可深一些。塘内最好培植少量水草，有利于鳜鱼栖息和捕食。池塘坡比 1∶1.5～2.5，塘底向排水口处要有一定的倾斜度，便于干塘捉鱼。淤泥在 10 厘米以下。池塘经日晒和冰冻，再用生石灰清塘，杀灭淤泥中的寄生虫和致病菌，另一方面又有利于提高池水的碱度和硬度，增加缓冲能力。由于鳜鱼耗氧高，养殖密度大，因此在养殖中应配备增氧设备及其他机电设备。

2. 鱼种和饵料鱼的放养

鳜鱼夏花当年养成商品鱼是目前普遍推广的一种养殖形式。鳜鱼种放养前 15～20 天，按 50 万～80 万尾/亩投放饵料鱼；也可以在鳜鱼池中混养一些繁殖快的饵料鱼亲鱼，如亩放罗非鱼 200～400 对或 2 龄鲫鱼 500 尾；也可用稀网将池塘隔成两部分，一边养鳜鱼，一边养饵料鱼亲鱼。要加强饵料鱼亲鱼培育，为鳜鱼源源不断地提供适口饵料鱼。一般每亩放养 3～4 厘米鳜鱼种 1000～1500尾。鱼种放养时，要注意充氧袋内水温与池水温差不超过 1℃～2℃，鱼种放养前可用 2%～3% 食盐水浸浴 10～20 分钟消毒。

3. 饲养管理

（1）补充饵料鱼　鳜鱼与饵料鱼水面比为 1∶2～3。鳜鱼体长 5～7 厘米，鳜鱼与饵料鱼按 1∶6～10 的比例投放，体长 7 厘米以后，鳜鱼与饵料鱼的比例为1∶5～6。水温较高、鳜鱼快速生长期内，最好 1～3 天投喂一次，9 月以后水温下降，可以 5～7 天投喂一次。投喂量以维持水体内有一定的饵料鱼密度、易于鳜鱼捕食为原则。饵料鱼充足时，水面浮有大量鳜鱼新鲜粪便，日出、日落前饵料鱼成群集于池边，并频频被鳜鱼追食。饵料鱼规格为鳜鱼体长的 30%～59%，这种规格的饵料鱼适口性好。为了兼顾鳜鱼生长的差异，在所投饵料鱼中适量搭配不同规格的饵料鱼，确保鳜鱼饵料充足、适口。为了减少鱼病的发生，所投的饵料鱼必须先用 10～20 毫克/升的高锰酸钾浸浴 10～30 分钟进行消毒。对未被摄食的饵料鱼，应每隔一天投喂饵料，促使饵料鱼生长。

（2）水质控制　每隔 3～5 天加注新水一次，保持水深 1.5 米以上，池水透明度 30 厘米以上，否则应更换 1/3～1/4 的池水。春秋季每 7～10 天加新水一次，溶氧保持在 4 毫克/升以上。配备增氧机，春末和夏季每天中午 12 至下午 3 时开机增氧，如遇特殊天气，下半夜开机至太阳出，开机时间视具体情况确定。定期泼洒生石灰水调控水质。

（3）日常管理　其他管理措施与家鱼养殖基本相同。鳜鱼对敌百虫特别敏感，每月应用 0.7 毫克/升硫酸铜、硫酸亚铁（5:2）合剂全池泼洒一次预防寄生虫。隔天再用 0.2～0.3 毫克/升二溴海因泼洒一次预防细菌性病。

（二）捕捞和运输

1. 捕捞

池塘捕捞鳜鱼主要用旋网、刺网、干塘等方式进行捕捞。由于死、活鱼市场价格悬殊较大，因此在捕捞操作时应防止鳜鱼受伤或因缺氧而发生死亡。

2. 运输

鳜鱼夏花运输采用尼龙袋充氧运输。一般 80 厘米×40 厘米规格的氧气袋，每袋装 2～3 厘米的鳜鱼夏花 500～800 尾，5 厘米左右的鳜鱼种 300～400 尾，运输时间4～5小时。运输时间越长，密度应相对减小。用氧气袋运输应避免高温，防阳光直射。1龄鳜鱼种和商品鳜鱼短距离运输可用敞口容器（如铁皮箱、帆布袋等）装水运输，中长距离应用活水车或特制的充氧袋装运，运输时间最好在水温10℃左右的晴天进行。高温天气应带冰降温运输。

三、网箱饲养

1. 水域的选择

水体开阔，有一定水流，水质清新，无污染，透明度大于50厘米，水深不低于3米。

2. 网箱的制作及设置

网箱采用聚乙烯网片缝制而成，规格1～25平方米，以2～4平方米的网箱较好。网箱放养夏花养成商品鱼采用分级饲养的方法，一般分3～4级进行。网目大小以保证箱内外水流通畅，饵料鱼不外逃即可。体长4～5厘米的鳜鱼夏花，网目为15～20目/平方厘米；体长达8～10厘米，网目为0.8～1厘米；体重达100克左右时，网目为2厘米的网箱。网箱结构为敞口（或加盖）框架浮动式，箱架用毛竹（或其他材料）制成。网箱入水深度1.2～1.5米，水上高度0.3～0.5米。新网箱应提前7～10天下水，让箱体上附生一些藻类等，以免放养后擦伤鱼体。网箱排列方向与水流有一定夹角或垂直，多排网箱并列时，排距、箱距不宜太近。

3. 养殖方式

分为单养和套养。单养是把鳜鱼种和饵料鱼分别放入不同的网箱，根据鳜鱼捕食、生长情况定期投喂饵料鱼。套养则是采用鳜鱼与饵料鱼一次性在同一网箱内放足。套养时宜投放鲢、鳙鱼种作饵料鱼。

4. 放养密度

单养网箱按每平方米放入体重 50～80 克的鳜鱼种 30～50 尾,一次养成；或是在 5～7 月按每平方米放养体长 2.5～3.5 厘米的当年幼鳜 300 尾左右；或放养体长 3.5～5厘米的鳜鱼夏花 150～200 尾；或放养体长8～10 厘米的鳜鱼种 50～80 尾。当尾重达到 50 克以上时，密度减为每平方米 30～50 尾。套养时，一般每平方米放养 50 克/尾的鳜鱼种 6～10 尾。

5. 饵料鱼配套与投喂

凡是没有硬棘、体长为鳜鱼体长 50% 以下的鱼种或野杂鱼，都可以作为鳜鱼的饵料鱼。网箱单养鳜鱼的饵料鱼以配套网箱培育为主，按鳜鱼计划产量的 4～6 倍生产，以近区捕捞的野杂鱼为补充。饵料鱼需要总量 = 计划鳜鱼净产量 × 经验饵料系数（4～6）。

投喂次数根据水温和鳜鱼摄食情况而定，在水温较低时，每 7～10 天投喂一次；水温较高、鳜鱼摄食旺期，一般1～3 天投喂一次。套养鳜鱼网箱一次性按 5～6 的饵料系数放入鲢、鳙鱼，以后根据需要再适当投部分适口饵料鱼。鳜鱼以活饵料鱼为食，但经过专门技术程序驯化 5～7 天后，可摄食鲜鱼块。饵料鱼冰鲜保存，存放时间不超过 1 天。每日凌晨和黄昏，各饱食投喂一次，投喂时“少抓慢投”，当鳜鱼不再上浮抢食时即停止投喂。

6. 日常管理

（1）观察鳜鱼摄食情况，及时补充适口的饵料鱼；

（2）防止网箱破损逃鱼；

（3）每隔7天洗箱一次，防止网目堵塞，保持箱内外水流通畅；

（4）及时分箱　随着鱼体长大，要及时调整箱内鳜鱼的规格和密度，分级饲养，保证同箱鳜鱼种规格基本一致，以避免互相残杀。同时，做好安全、防病等工作。

四、病害防治

鳜鱼疾病的防治工作应遵循“无病先防，有病早治，防重于治”的原则。

（一）水霉病

病鱼体表着生棉絮状菌丝，鱼体消瘦。防治方法：①全池泼洒1.5~3.0毫克/升五倍子。②用2%~3%的食盐水浸洗5~10分钟，或用1%食用醋浸洗5分钟，均有较好疗效。

（二）白皮病

病鱼背鳍基部或尾柄出现白点，逐渐蔓延至背鳍、臀鳍后半部体表均呈白色，严重时尾鳍残缺不全。病鱼头部向下，尾向上倒悬水中。防治方法：①用10克/立方米浓度的高锰酸钾水溶液浸浴15~30分钟。②全池遍洒0.2~0.3毫克/升的三氯异氰脲酸。

（三）烂鳃病

病鱼鳃丝腐烂，残缺不全，附着黏液污物。防治方法：用0.2～0.3毫克/升的季铵盐络合碘全池泼洒。

（四）小瓜虫病

病鱼体表布满小白点，消瘦，游动异常，镜检可见小瓜虫。防治方法：①每亩用干姜100克，煎开20分钟，加入鲜辣椒250克煎开。冷却后全池泼洒。②用曼尼期碱精素0.05～0.1毫克/升全池泼洒，每天一次，连用2～3天。

（五）鳜败血病

由嗜水气单胞菌等细菌感染引起，常伴有寄生虫疾病，为暴发性鱼病。病鱼在鳃盖基部或鳍条基部出现轻度充血，肝脏颜色较淡，腹腔有少量积水，此病传播快，死亡率高。防治方法：①用1毫克/升的聚维酮碘或0.3毫克/升的季铵盐络合碘全池泼洒，隔天一次，连续2～3次。②内服出血康、败毒灵等商品药，连续3～5天。

第四节　斑点叉尾鮰成鱼养殖

斑点叉尾鮰（又名沟鲇）具有食性杂、抗病力强、适应性广、生长快、肉质细嫩、营养丰富、经济价值高等优点，是一种养殖技术成熟、市场前景好的养殖品种。

斑点叉尾鮰既可池塘养殖，又能在江河、湖泊、水库等大水面放养，也是高密度流水、网箱养殖的优良品种。

一、生物学特性

斑点叉尾鮰体细长，前部较肥宽，腹部平直。头小而平扁，吻较尖，两鼻孔间距较小，有触须4对，长短各异，呈深灰色，以口角须最长，末端超过胸鳍基部。体表光滑无鳞，黏液丰富，侧线完全，皮肤上有明显的侧线孔。背部呈淡蓝色或灰色，侧线以下灰白色，腹部乳白色。体侧分布有黑点或深褐色的斑点，随着体重增加斑点逐渐消失（图2－4）。

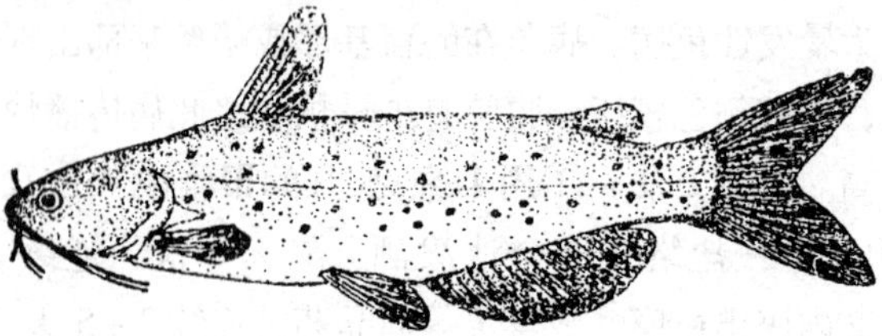

图2－4　斑点叉尾鮰

天然水体中斑点叉尾鮰栖息于湖泊、河流有沙砾、石块的底层。池塘内喜栖息于水的底层。对水温的适应能力较强，适温范围0℃～38℃，摄食水温为5℃～35℃，最适生长水温为18℃～30℃。正常生长溶氧量为3毫克/升以上，低于1毫克/升时开始浮头。适宜pH值6.5～8.9，最适pH值6.5～7.0。

斑点叉尾鮰属杂食性鱼类。幼苗阶段，主要摄食轮虫、枝角类、桡足类等浮游动物；成鱼阶段，主要摄食底栖生物、水生昆虫、小杂鱼、虾、藻类、水生植物以及人工配合饵料。

二、小体积网箱养殖

（一）水域选择与网箱结构

1. 水域选择

要求交通方便、水面宽阔、避风向阳、环境安静、无污染、微流水，透明度大于1米，水深4米以上，pH值6.5～7.5，溶氧5毫克/升以上，网箱面积与水域面积比大于1∶300。

2. 网箱结构

网箱单行排列为“一”字形，箱距1～2米，组距50米以上，浮动式。常用网箱规格为1米×1米×1.1米、2米×2米×1.3米，网箱口用黑色编织袋缝合。网箱材料为聚乙烯结节网片，网目2a＝2.5厘米。饲料台用聚乙烯网布缝于网箱底，四周高出30厘米。用直径12厘米的钢筋做成长宽比网箱小5厘米的沉子，使网箱在水中保持成型。网箱正中放一直径10厘米的塑料管，上面高于盖网20厘米，下面距饲料台15厘米，塑料管底部用铁丝做成“十”字形或“井”字形封好管口，以防鱼钻入饵料管。

（二）鱼种放养

每年开春水温≤16℃时放养鱼种，鱼种规格为50克/尾以上，每立方米水体放养250～400尾。鱼种放养前用1%～3%食盐水浸洗10～20分钟消毒。

（三）饲养与管理

1. 饵料及粒径

斑点叉尾鮰鱼种（8～50 克）和成鱼（50 克以后）的饵料参考配方见表 2－6。

表 2－6　斑点叉尾鮰饵料配方

组别	不同原料的比例								
	鱼粉	蛋白质	豆粕	菜粕	酒糟	尾粉	米糠	膨润土	预混料
鱼种料	26	8	28	10	5	13	5	2	3
成鱼料	10	4	25	22	5	17	12	2	3

注：预混料含多种维生素、复合矿物盐、黏合剂等。

6～15 厘米的鱼种用直径 2 毫米饵料，15～25 厘米的鱼种用直径 3 毫米饵料，150 克以上的鱼种用直径 4 毫米饵料，250 克以上的鱼种用直径 5 毫米饵料。饵料为硬颗粒，能在水中稳定 15 分钟以上为好，蛋白质含量 32%～36%，严禁存放过久，应干燥、通风、避光、阴凉保存。

2. 投饵率及投饵频率

投饵率及投饵频率依据美国大豆协会斯密特博士的方法（表 2－7）。

表 2－7　斑点叉尾鮰投饵率、投饵频率

鱼平均重量（克）	投饵率（%）	投饵频率（次/每天）
25	4.00	2
50	3.50	2

（续表）

鱼平均重量（克）	投饵率（%）	投饵频率（次/每天）
75	3.20	2
100	3.00	2
150	2.80	2
200	2.50	2
250	2.20	2
300	2.00	2
400	1.60	2
500	1.40	1
600	1.20	1

鱼种入箱后，每月抽样一次，抽样箱每箱抽测尾数≥1/10放养存活尾数。按表计算日投饵量。在水深0.5米处测量水温。根据以下不同水温计算和调整投饲量。≤15℃，按投饲率为1%，每天一次；20℃～24℃和30℃～32℃时，按计算量的80%投喂，每天1～2次，25℃～29℃时，按计算量的100%投喂，日投饲2次；≥33℃时，只按观察到鱼能采食的量投喂。调整后的投饵量为中旬10天的日投饵量。上旬10天减10%，下旬10天增10%。每次饵料量一次性从塑料管投入。一般10分钟内吃完。

3. 日常管理

（1）坚持24小时值班，每天记好养殖日记，包括水温、饵料投喂量、鱼摄食及活动情况、死鱼情况，以便及时分析问题，解决问题。发现死鱼及时捞出并深埋。

（2）抽样称重，并根据鱼的生长情况调整投饵数量。

（3）定期洗箱，清除网箱的附着物，防止网箱破损逃鱼。

（4）适时移动网箱位置　网箱下沉积的残饵、排泄物大量堆积会造成网箱周围水环境恶化，适时将网箱向上风口移动500米以上。

（四）成鱼运输

网箱中的鱼运输前应经过锻炼，炼网前停食12小时，先将鱼集中在占网箱1/3的水体内密集6小时，然后提拉网箱，使鱼在密集状况下激烈翻腾5分钟，然后放开。每隔2小时提拉一次，共3次。整个过程共24小时。尔后可投喂一次，以后的24小时再重复一次即可运输。

目前，普遍采用密封充氧法运输。短途运输（12小时以内）鱼水比例可以接近1∶1。

三、"80∶20"池塘养殖

"80∶20"的池塘养殖模式是指收获时80%的产量由吃食性（摄食颗粒饵料）高价值的鱼构成，20%的产量由服务性的鱼类（如滤食性鱼类和肉食性鱼类控制野杂鱼、虾等）组成。适用于鱼种、商品鱼的养殖阶段。

（一）鱼种放养

池塘面积3亩以上，水深1.5米以上，水源充足，进排水方便，水质符合国家颁布的标准，每1～3亩水面配备增氧机1台。鱼种放养前用生石灰清塘消毒。具体放养密度见表2-8。

表2-8 斑点叉尾鮰池塘养殖模式（尾/亩）

放养方式	放养品种			
	斑点叉尾鮰	鲢鱼	鳙鱼	团头鲂
80:20	800~900	100~150	30~50	20~30
80:20	700~800	100~150	30~50	20~30

斑点叉尾鮰鱼种放养规格为30~50克/尾或60~100克/尾，其他品种放养规格为鲢鱼、鳙鱼50~100克/尾，团头鲂30~50克/尾。鱼种要求健康无病，体色一致，皮肤上无溃疡、疮疤，鳍条完好，游动活泼。鱼种放养应在水温15℃以上的晴天进行。鱼种经消毒后入池，温差不超过3℃。

（二）饲养与管理

1. 饵料及粒径

参阅小体积网箱养殖。

2. 驯化

池中距水面50厘米处设饵料台，通过声响、撒饵让鱼逐渐上食台摄食，鱼浮到水面抢食后，撤掉饵料台。

3. 投饵率及投饵次数

投饵应坚持“四定”。遵循“少—多—少”、“慢—快—慢”的投饵原则（表2-9）。投喂开始时投饵间隔时间长，频率慢，用量少。待鱼群集中抢食时投饵间隔时间短，频率快，用量多。以后，随鱼群减少，投饵间隔时间拉长，频率减慢，用量减少。至90%左右的鱼不激烈抢食时停止投喂。一般日投饵1～2次，上午7～8时，下午5～6时。也可每次投饵时，将饲料一次性投在食台上，投饵后10分钟以上有剩余饵料说明投饵过量。

表2－9 斑点叉尾鮰投饵参考表

水温（℃）	幼体阶段（5～50克）		成鱼阶段（50克以上）	
	投饵量（%）	投饵次数（次/天）	投饵量（%）	投饵次数（次/天）
10以下	0.3～0.5	1～2天1次	0.2	1～2天1次
10～15	0.5	1	0.3	1
15～20	1.0～1.5	1～2	0.5～0.8	1
20～30	2～4	2～3	1.5～2.5	2
31以上	2	2	1	1

4. 日常管理

（1）巡塘　每天早、中、晚坚持巡塘一次，观察鱼摄食及活动情况。认真做好养殖日记。

（2）练网　运输前应进行练网，否则容易受伤造成大量死亡。练网方法同常规。练网结束后，用2%～3%的食盐水浸泡鱼种5～10分钟，并用生石灰或漂白粉全池泼洒2～3天，每天一次。

（3）调节pH　每半个月用20～30毫克/升的生石灰全池泼洒一次，同时杀灭水体中有害病菌。

（4）水位控制　早春池塘水位宜浅，控制在0.8～1米；夏季炎热，冬季气温低，应加至最高水位。

（5）加注新水　高温季节鱼活动量大，新陈代谢旺盛，水质易变坏，要经常加注新水，每隔3～5天加水一次，加水量视水体肥度、水色、水质而定，一般每次加水20～30厘米，维持透明度30～35厘米。

（6）适时开增氧机　晴天中午开，阴天次日凌晨开，阴雨连绵或水肥需预防浮头在当天后半夜开，通过上下水层的对流，促进水体交流混合，改善底层溶氧状况。

（7）预防鱼病　采用外泼内服结合的方法，防止疾病发生。常用的泼洒药物有生石灰、二溴海因、溴氯海因等；内服药物有土霉素、喹诺酮类药等。

四、病害防治

坚持“无病先防、有病早治、防重于治”的方针。

1. 营养性疾病

病鱼外观个体肥大，体形粗短，肚大体圆，手感轻，下颚充血，肝脏肥大，存在脂肪肝现象，有时腹腔内有血水，肠道充血。使用抗生素等药的治疗效果差，甚至无效。治疗方法：参照斑点叉尾鮰营养标准对饲料进行调整。

2. 出血性腐败症

病鱼在水中呈呆滞、抽搐状游动，停止摄食，体表有圆形稀疏的溃疡（皮肤、肌肉坏死），腹部肿胀，眼球突出，下颌充血，体腔内充满带血的液体，肾脏变软、肿大，肝脏灰白带有小的出血点，肠内充满带血的或淡红色的黏液，后肠及肛门常有出血症状。防治方法：此病在养殖高温季节发病率较高，危害严重且不易控制，疗程长。使用30毫克/升生石灰或0.3毫克/升季铵盐络合碘或1毫克/升聚维酮碘全池泼洒，隔天一次，连续2~3次。同时内服出血康，每100千克鱼用药50~100克，加维生素C 10克，每日一次，连续3~5天。

3. 柱状病

初期病鱼躯干部、头部出现损伤，或鳍条灰白色并有轻微出血；病状扩大时，灰白色溃疡严重，感染鱼的鳍被腐蚀，病原体扩散到身体其他部位。通常鳃丝末端开始有褐色的坏死组织，继发到鳃丝基部。真菌可作为继发性病原侵入这些病变部位。皮肤完全被侵蚀，肌肉暴露。随着感染加深，导致鱼类死亡。防治方法：用1%~3%的食盐水药浴到鱼有不安状。用磺胺类药物每吨饲料用药0.5~1千克拌入饵料投喂，同时用0.2~0.3毫克/升季铵盐络合碘全池泼洒。

4. 小瓜虫病

小瓜虫病苗种期间感染率极高，尤其在鱼种下池初期体质未恢复或因管理不当鱼体质较差时感染率极高。几天内可使鱼全部死亡。小瓜虫侵入鱼的皮肤和鳃组织后，形成大头针头大小的小白点，肉眼可见。此病一年四季均可发生。防治方法：每立方米水体用生姜2.6克、辣椒粉0.5克。先将生姜捣烂，加入辣椒粉，混合后煮沸，全池泼洒。

第五节　水库中下层水流水养殖虹鳟鱼

虹鳟鱼是世界珍贵冷水性鱼类，国内外市场被列为高档鱼。具有肉味鲜美、肉质细嫩、营养丰富、饵料利用率高、生长快、易捕捞等优点。流水中饲养单产高。利用水库中下层低温水经曝气处理，可以用于虹鳟鱼的养殖（图2－5）。

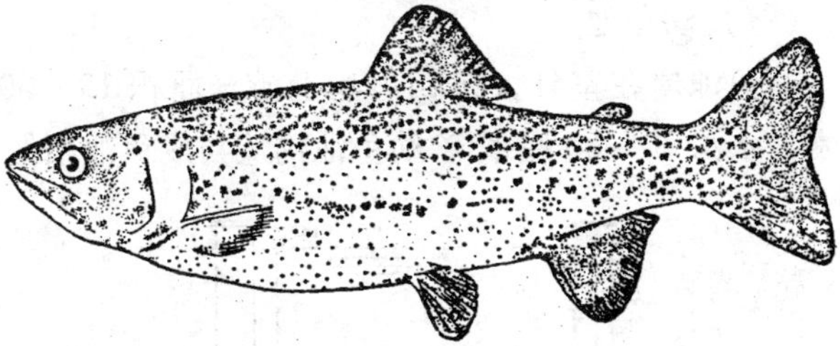

图2－5　虹　鳟

一、生物学特性

虹鳟系底层冷水性鱼类。生长水温为5℃～25℃，最适温度10℃～18℃，低于7℃高于20℃生长缓慢，适宜流速为2～30厘米/秒，溶氧高于6毫克/升，pH值6.5～7.0。

虹鳟属肉食性鱼类。1龄鱼以浮游动物、底栖动物为主，如毛翅目、鞘翅目、蜻蜓目、枝角类、甲壳类等水生昆虫及两栖类、小型杂鱼为食。2 龄以上的鱼以食鱼类为主。虹鳟也食动物、植物混合饵料，如碎鱼肉、动物肝、蚕蛹、鱼粉、糠虾和米糠、麦麸、豆饼、青菜、榆树叶等组成的配合饵料，摄食量与水温有关。溶氧 10 毫克/升以上食欲最旺盛，5 毫克/升以下则食欲不振。

二、鱼池建设

夏季炎热，为防止水温升高，在池上搭简易遮阳棚，确保虹鳟度过高温季节。

（一）幼鱼池

幼鱼池建在室外，在成鱼池上游，面积 15 ~ 30 平方米，水深 30 ~ 60 厘米 。幼鱼池构造与成鱼池相似。

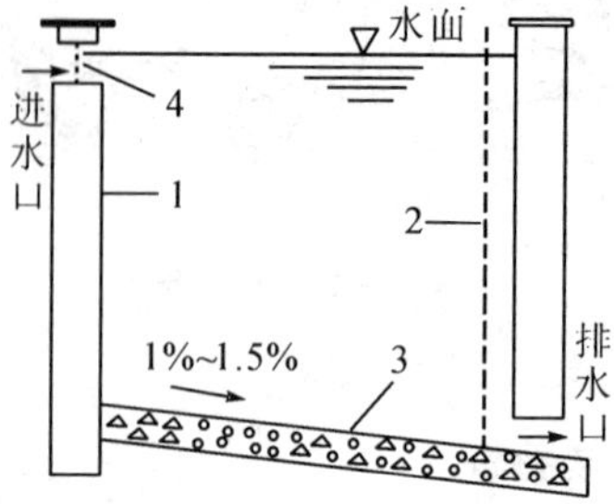

1. 池壁　2、4. 拦鱼栅　3. 石渣粗沙池底

图 2 – 6　排水口设在池角的池塘剖面

（二）成鱼池

成鱼池多采用长方形鱼池。鱼池用水并联和串联的方式供给，面积一般为 50 ~ 100 平方米，长宽比 10∶1 ~ 3，水深 70 ~ 80 厘米。鱼池设置注排水口，设置方法见图 2 –

6。池底坡度1% ~2%，池底铺一层沙砾。排水口处于最低位置。进、排水口应安拦鱼栅，以防逃鱼，栅格的大小依鱼体的大小而定（参照流水鱼池建造）（见表2-10）。

表2-10　成鱼池出水口闸门鱼栅栅格的规格

虹鳟的体重（克）	栅格规格（毫米）
25	6
50	8
100	10
200	12
300以上	15

三、成鱼饲养技术

（一）鱼种放养

购买发眼卵，或直接购买鱼种。鱼苗放养前15天，注入少量水，用30~50毫克/升漂白粉对鱼池进行消毒，清除污泥，在池底铺5~15厘米厚的沙砾。鱼苗投放前2~3天用清水将残余的漂白粉水冲洗干净，然后注满水以备投放鱼种。

放养密度受多方面因素的制约，具体参考表2-11进行分级饲养投放。投放密度为50~100尾/立方米，经过约10个月的生长，可长成500~600克重的商品鱼。

表 2－11　不同温度、水交换速度条件下虹鳟适宜的饲养密度

水温（℃）	水交换速度（升/秒）	不同体重鱼的饲养密度（尾/平方米）															
		2.5克	5克	10克	20克	30克	40克	50克	60克	70克	80克	90克	100克	150克	200克	250克	300克
20	10	310	200	160	140	120	100	87	74	62	53	43	37	25	20	16	13
	20	640	420	320	290	260	220	180	150	130	110	90	80	50	40	30	26
	30	1 000	650	500	450	400	340	280	240	200	170	140	120	80	60	50	40
15	10	500	310	250	220	190	160	140	120	100	81	75	63	47	31	28	10
	20	1 030	640	520	450	390	340	290	250	220	180	160	130	100	77	58	39
	30	1 600	1 000	800	700	600	520	440	380	330	280	240	200	150	120	90	60
15	10	690	500	410	330	280	250	210	190	160	140	120	100	80	65	47	31
	20	1 410	1 030	840	680	580	500	440	390	330	290	250	210	170	130	96	64
	30	2 200	1 600	1 300	1 050	900	780	680	600	520	450	380	440	250	210	150	100

（二）饵料制作

虹鳟要求营养丰富、质地新鲜、全面且平衡的全价饵料。要求粗蛋白质含量40%～50%、粗脂肪6%～15%、粗纤维2%～5%、粗灰粉5%～13%、水分8%～12%、磷0.8%、钙0.2%、镁0.1%、锌20×10^{-6}、食盐<2%及适量的维生素、矿物质。2.5克/尾以上的稚鱼：粗蛋白质50%、粗脂肪6%、粗纤维2%、粗灰粉16%、水分11%及适量的维生素矿物质等。成鱼饲料（50克/尾以上）参考配方：鱼粉45%，酵母粉5%，发酵血粉9%，熟豆饼14%，麦麸4%，鱼粉4%，黄玉米4%，骨粉5%，另加添加剂（矿物添加剂等）4%。气候炎热时，虹鳟的食欲降低，这时应及时提高饲料精度，增加动物蛋白含量，必要时饲料中可拌些动物肝类物，以保证虹鳟生长的需要。

（三）投饲

鱼的体重、水温、溶氧量及饲料质量等因素均影响投饵量的大小。采取人工投饲方式。晴天、水温较高时适当多投，阴雨天适当少投；水质好应加大投饵量，反之，适当减少投饵量；如争食能力强可继续投喂，反之表明鱼已吃饱。按时投喂，体重2.5克/尾的稚鱼日投饵4～3次，12克/尾以上的日投饵3～2次，即早、中、晚各一次，第一次投喂日食量的35%，第二次投25%，第三次投喂剩下的40%。在固定位置投喂。当天配的料当天用完，投饵时调节水的流速，以免造成饵料损失。

（四）分级饲养

成鱼养殖期间进行2～3次筛选，分规格调整各池密度，同池鱼种规格一致，以加速鱼的生长。

四、病害防治

虹鳟养殖中以营养性疾病最为常见，其次是小瓜虫病。

（一）脂肪肝

症状为病鱼极度衰弱，体色发黑，鳃颜色变淡。肝脏变性为脂肪肝，病鱼不断死亡。主要是饲料中油脂氧化败坏引起以及长期维生素投喂不足或碳水化合物和油脂含量过高的饵料造成。防治方法：从根本上改善饲料质量，增加维生素类特别是维生素 E 的含量。

（二）小瓜虫病

对稚鱼、仔鱼危害较大。防治方法：水温 10℃ ~ 15℃以下时，用 0.05 ~ 0.1 毫克/升曼尼期碱精素全池消毒，隔天消毒一次，每个疗程消毒 2 ~ 3 次。

第六节 胭脂鱼池塘成鱼养殖

胭脂鱼是我国特有的珍稀鱼类，属国家二类重点保护鱼类。主要分布于我国长江水系及闽江。胭脂鱼肉质鲜美，个体较大。历来就有“千斤腊子万斤象，黄排大得不像样”的说法。幼鱼形体别致，色彩绚丽，游动缓慢而显文静，具有较高的观赏价值，是世界观赏鱼家族中的珍品之一。胭脂鱼具有抗病力强、性温和、食性广、生长快等优点，是池塘、水库、湖泊养殖新的优良品种。

一、生物学特性

胭脂鱼俗称黄排。幼鱼体较高，背鳍起点明显隆起，体粗壮，头短，吻钝圆，口小，下位，呈马蹄形。上下唇呈肉质，其上布满小乳突，无须，尾鳍分叉，幼鱼体呈灰褐色，成鱼呈胭脂色，体侧正中有一较宽的猩红色纵条纹，各鳍呈淡红色，雌鱼体呈青灰色（图2－7）。

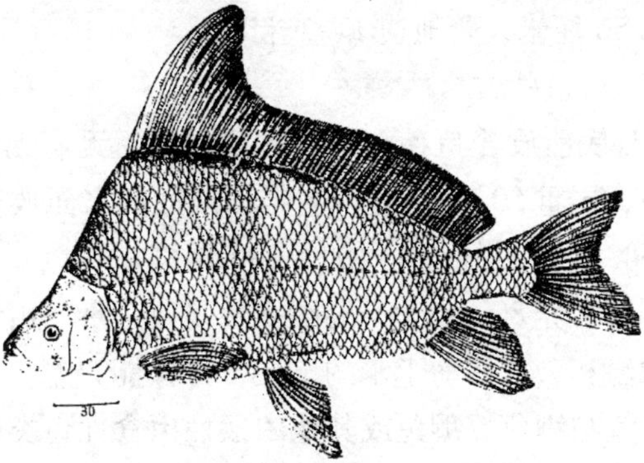

图2－7　胭脂鱼

胭脂鱼喜欢栖息在江河的中下层，以底栖无脊椎动物为主要食物，5龄性成熟，每年3～4月产卵繁殖。幼鱼摄食绿藻、硅藻、裸藻、蓝藻等藻类和原生动物、水生寡毛类、枝角类、桡足类等，也食面粉等精饲料。暂养期间，可投喂煮熟的蛋黄。成鱼以底栖无脊椎动物、水生昆虫和有机碎屑为食。人工繁殖已获成功。若管理得当，当年繁殖的幼鱼能长到0.5千克；一般2龄鱼体长34～41厘米，体重1～1.5千克；3龄鱼体长50～70厘米，体重4～6.5千克。

二、饲养与管理

（一）池塘条件

池塘向阳，光照好，面积3～5亩，池深2.5米，水源充足，水质清新，无污染，注排水方便。防逃设施完善，最好配备增氧和灌溉等机械设备。鱼池经清池消毒除淤，注水1.5米深，池中设食台，面积2米×1米，距水面50厘米，距池边1～2米。

（二）鱼种放养

3月底前放养鱼种，鱼种体质健壮，无病无伤，规格整齐，尾重50克以上。单养时，每亩水面放养鱼种400～600尾，另外搭配100～200尾鲢、鳙鱼。还可视情况，再套养800～1 000尾胭脂鱼夏花鱼种。由于胭脂鱼性情温和、常活动于水的下层，抢食能力差，养殖时注意不宜与鲤鱼、鲫鱼或其他凶猛性肉食性鱼类同池混养。鱼种下池前，用2%～3%的食盐水或10～20毫克/升高锰酸钾溶液浸浴5～10分钟。

（三）饵料与投喂

以投喂水蚯蚓饲养效果最佳。实际生产中，可根据饲料来源投喂蚌肉、小鱼虾、畜禽内脏或人工培育的陆生蚯蚓、蝇蛆等鲜活饵料，以降低养殖成本。也可投喂人工配合饲料（甲鱼、鲮鱼料）。投人工配合饲料必须先进行驯化，以诱食剂拌和人工配合饲料投喂，待鱼稳定上食台后，逐日减少诱食剂比例，经7～10天即可完全投喂人工配合饲料（团状饵料）。也有将动物肉糜与花生麸、熟豆饼粉、菜枯、米糠等来源较广的饲料拌合在一起长期投喂，养殖效果也较理想。

投饵依照“四定”原则，保证鱼吃匀、吃好、吃饱。4~5月日投饵量为体重的3%~5%，6~8月为5%~8%，9~10月为3%~5%，11~12月为1%~2%，1~3月少量投喂。投鲜湿性饵料时，日投饲率应提高2%~3%。实际养殖中，每日投饵量还应根据天气、水温、溶氧及池鱼摄食情况等灵活掌握，以1~2小时内基本吃完为准。日投饵两次，上、下午各一次。所有鲜活饵料应清洗干净，每隔10天投喂一次“肠鳃宝”药饵（每100千克鲜活饵料用药10~20克）。

（四）日常管理

日常管理按常规要求进行，重点抓好水质管理和鱼病防治。正常情况下，每周可一小换，换注新水1/3；半月一大换，换水2/3。随着鱼体长大，水质渐浓，应适当增加换水次数，高温季节更应每天换水，并定时开动增氧机，保持池水溶氧丰富，透明度在40厘米以上。这样可以促进鱼食欲和减少疾病发生。定期泼洒生石灰、三氯异氰脲酸调节水质、预防鱼病。向池塘施用光合细菌、EM菌液等对改善池塘供氧和改良水体环境十分有效。其他按常规养殖进行。

三、病害防治

胭脂鱼的病害防治工作要贯彻“以防为主，防治结合，无病先防，有病早治”的方针。采取综合性防治措施，有效地控制疾病发生。做好“种、饵、密、管”等，坚持常规消毒，每月泼洒一次杀菌、杀虫药物；发病季节4～6月和9～10月每月消毒两次，并投喂一个疗程药饵。

胭脂鱼的常见疾病有烂鳃病、肠炎病及营养不良、泛池和寄生虫病等。

（一）烂鳃病

用0.2～0.3毫克/升二溴海因或0.2～0.3毫克/升季铵盐络合碘全池泼洒，连续2～3天；同时拌饵内服肠鳃宝（100千克饵料用50～100克），每天两次，连用3～5天。

（二）肠炎病

本病为胭脂鱼苗种及低龄鱼种的主要疾病，流行季节为6～9月。防治方法：①坚持不喂变质腐败饵料；②加强水体消毒工作。疾病发生时，全池泼撒漂白粉或0.2～0.3毫克/升三氧异氰脲酸；同时，内服肠鳃宝药饵，每100千克饵料用50～100克药，每天两次，连续3天，可有效治愈肠炎病症。

（三）萎瘪病

防治方法：①加强饲养管理，合理放养鱼种，保证有足够的优质饵料供应。②对病鱼分隔饲养，投喂营养价值高的水蚯蚓，可缓解病情。

防治小瓜虫病采取全池泼洒0.05～0.1毫克/升曼尼期碱精素。防治车轮虫则使用硫酸铜和硫酸亚铁合剂。

第七节 美国大口胭脂鱼成鱼养殖

美国大口胭脂鱼具有个体大、生长快、抗病力强、易捕捞等特点，适应小型湖泊、水库、山平塘和网箱等多种方式养殖，一般池塘亩产可达500多千克，当年鱼苗下池，最大个体可达600多克，是一种较好的养殖新品种。

一、生物学特性

美国大口胭脂鱼又名牛鲤，是一种大型经济鱼类。外形与生活习性均与鲤鱼相似，鱼体呈纺锤形，身披较大鳞片，头部呈橄榄色，侧线上部褐绿色，后下部呈青绿色；背鳍基部两侧各有一列反光鳞片，腹部白色；成熟个体胭色较明显，色泽鲜艳（图2－8）。

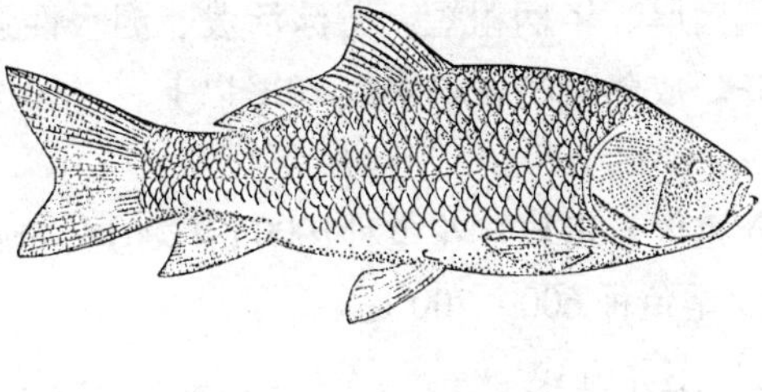

图2－8 美国大口胭脂鱼

大口胭脂鱼属底层鱼类，活动于水域的下层，只有在摄食时才会游到水面。适宜水温范围为0℃～42℃，最适水温为18℃～32℃。一般15℃以上开口摄食。自然条件下，主要摄食浮游动物，兼食底栖动物。人工养殖条件下，能很好地摄食配合颗粒饲料，而且饲料系数较低，有极强的逃避凶猛鱼类的能力。

性成熟年龄为2～3龄，体重一般在1千克以上。繁殖水温为18℃～32℃。总体繁殖习性与鲤鱼基本相同。适宜的条件下养殖，当年个体可达500克左右，最大可达615克，第二年可达700～1500克，第三年可达1500～2500克。

二、池塘主养

（一）池塘条件

养殖美国大口胭脂鱼的池塘条件同常规养殖要求。面积以1～10亩为宜，水深2～3米，池底较硬，淤泥较少，注排水方便。池塘清整按常规进行。

（二）鱼种放养

放养的鱼种要求体形正常、色泽明亮，体表不充血、背部肉厚、尾柄粗短，游泳活泼、溯水性强、规格大而整齐。放养时间要求水温10℃以上。一般选择晴天进行。

放养密度：亩放夏花鱼种1000～1200尾。或亩放50～100克/尾鱼种600～700尾。

（三）主养方式

有投饲主养和施肥主养两种饲养方式。施肥主养又分为大草、化肥主养及大草、粪肥主养。

1. 投饲主养

每亩水面放养60克左右的大口胭脂鱼种600～650尾，套养100克左右的鲢鱼50～60尾、鳙鱼50～60尾、鲤鱼25～30尾、60克左右的草鱼25～30尾。鱼种放养选择晴天进行，放养鱼种均用10～20毫克/升的高锰酸钾液浸洗20分钟。

日投饵两次，饲料可投喂单一的菜饼、花生饼、芝麻饼、棉籽饼等，也可投喂由鱼粉、豆饼、棉籽饼、无机盐、维生素等组成的配合饵料，以配合颗粒饵料为好。

冬季投饲量占鱼体重的0.5%～1%，夏季占5%～7%，春、秋季占2%～3%。主养塘每半月调节水质一次，换去原塘水的1/3，注入新水。每亩用15～20千克生石灰消毒池水一次。一般情况下，经12个月养殖，亩总净产可达610～650千克，其中大口胭脂鱼亩净产达400～450千克，平均个体达0.8千克左右。

2. 施用大草、化肥主养

每亩放50克左右鱼种600～650尾，适时加注新水，保持水质肥爽，以浮游生物为主，投饵为辅。整个养殖期间亩水面投大草约2400～2800千克，尿素50～60千克，磷肥100～130千克。投喂配合饵料125～130千克。生长季节每10天每亩水面用20～25千克生石灰调节水质一次。经12个月饲养，每亩总净产可达740～780千克，其中大口胭脂鱼510～550千克，平均个体达0.98千克。

3. 施用草、粪肥主养

鱼种投放及饲养管理基本同上。养殖期间每亩水面可投大草2400～2600千克，粪肥2400～2500千克，配合饵料125～140千克。经12个月饲养，每亩总净产达720～750千克，其中大口胭脂鱼净产460～480千克，个体均重0.94千克。

三种主养方式的效果比较，以大草、化肥主养最好，产量、成活率高，出池规格大，生产成本低。

三、网箱养殖

放养鱼种规格为50～100克/尾，放养密度根据水质条件，一般每平方米400～200尾，养殖后期视具体情况适时分级并减少放养密度。

四、饲养与管理

（一）人工配合饲料配方

鱼粉25%，豆粕25%，菜粕22%，玉米5%，三等粉9%，木薯粉6%，膨润土2%，磷酸氢钙1%。另外，添加剂为：复合维生素500克/吨，维生素C200克/吨，微量元素1000克/吨，大蒜素300克/吨，甜菜碱400克/吨。饲料加工制成不同粒径（2～5毫米）。

（二）投饵量

投饵应遵循“四定”原则，冬季投饵一般占鱼体重的0.5%～1%，夏季占鱼体重的5%～7%，春、秋季占鱼体重的2%～3%，每天上下午各投喂一次。网箱日投饵4～2次。投饵技术参照“网箱养殖”技术，以“八分饱”为宜。

（三）日常管理

俗话说“三分养，七分管”。做好日常管理工作，是鱼类快速生长，取得稳产、高产的重要保证。池塘、网箱养殖日常管理工作按常规进行。池塘养殖重点抓好水质调控。施肥应“两头肥、中间活”，首先要施足基肥、培肥水质。鱼种下塘后，应根据水质的肥瘦进行追肥。每隔10～15天加注新水一次，预防缺氧泛池。高温干旱时，应酌情增加注水量和注水次数。每隔15～20天用生石灰20～30毫克/升全池泼洒一次。

网箱重点抓好分级饲养，保持网箱内外水交换通畅，网箱安全等工作。

抓好鱼病防治，以防为主。鱼病防治方法按常规。用药量见表2－12。

表2－12 11种常用鱼药的安全浓度

药物	硫酸铜	强氯精	漂白粉	敌百虫	高锰酸钾	生石灰	小苏打	食盐
安全浓度（毫克/升）	0.14	0.21	0.42	0.58	0.99	35	300	2900

第八节 云斑鮰

成鱼网箱养殖

云斑鮰是温水性鱼类，具有肉质细嫩，营养丰富，味道鲜美，适应性广，杂食粗生、快长易大、抗病力强和容易捕捞等特点，适应我国池塘、水库、堰、湖泊等水域养殖，也适于低盐度养殖。

一、生物学特征

云斑鮰俗称褐首鲇，体形粗短，体表光滑无鳞，前部圆肥，后部略侧扁，有一小的脂鳍，头大，眼小稍突出，吻亚下位宽而钝，有触须 4 对，尾鳍截形不分叉，胸鳍硬棘内缘有锯齿，体背部黄褐色或灰褐色，腹部白色（图 2－9）。

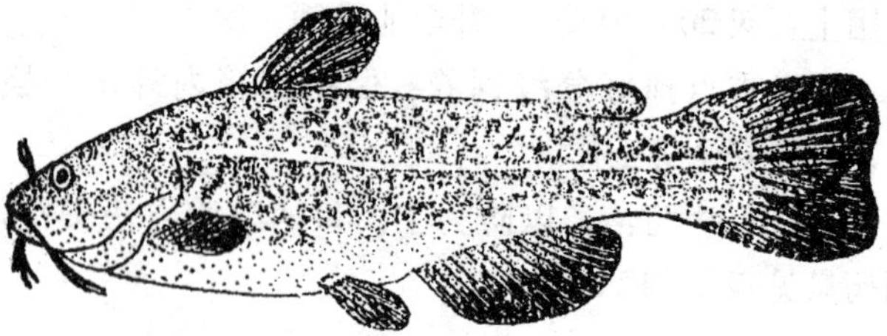

图 2－9　云斑鮰

云斑鮰原为肉食性鱼类，经驯化后为杂食性底栖鱼类，喜集群。幼苗阶段，主要摄食枝角类、桡足类、轮虫、摇蚊幼虫等浮游生物；成鱼阶段，食鱼及禽畜内脏、螺蚬、水生及陆生昆虫、蛙卵、甲壳动物、蠕虫、藻类、水生植物等。在人工饲养下，用鱼粉、花生饼、豆饼、米糠、玉米粉、麦麸等商品饲料配制成含粗蛋白质 28% 以上的颗粒饲料投喂，饲料报酬较高。适温 0℃～39.5℃，摄食水温为 5℃～37℃，最适生长水温为 18℃～32℃，适温内日增重可达 1.59～2.1 克。对溶氧要求不高，溶氧量达到 1.5～2.0 毫克/升就能正常生长。2 龄鱼达 0.5 千克左右。对敌百虫敏感，0.3 毫克/升时，鱼不安跳跃，并逐渐死亡。

性成熟年龄为 2 龄，产卵量为每千克 3600 ~ 6000 粒。

二、网箱的设置

选择水质较好，无污染，透明度在 0.5 米以上，开阔向阳，风浪较小的避风处，水深一般在 3 米以上。

网箱选用规格为 5 米 ×5 米 ×2.5 米，内层封闭式聚乙烯网箱，内外层网目分别为 2 ~ 3 厘米和 3 ~ 4 厘米。为防止饵料流失，箱底铺设聚乙烯网布。网箱呈“一”字形两行排列，行距 2 ~ 6 米，箱距 0.5 ~ 1.0 米，网箱在鱼种放养前 10 天下水。膨化料可使用投饵框。

三、饲养与管理

（一）鱼种放养

放养密度应根据网箱规格、鱼的生长特性、上市规格、技术管理水平、投入状况等灵活掌握。鱼种规格适当大些，以 6 ~ 20 尾/千克为好。一般每平方米放养 200 ~ 400 尾。鱼种入箱时，用 10 毫克/升高锰酸钾或 3% 的食盐水浸洗消毒 10 ~ 15 分钟。

（二）饲　料

颗粒料粗蛋白 30% ~ 32%，粗纤维 ≤ 12%，钙 0.8% ~ 1.3%，磷 ≥ 0.6%，食盐 0.2% ~ 1%，水分 ≤ 11%。参考配方：鱼粉 13%，熟豆饼 35%，玉米 21.5%，米糠 7.5%，麸 20%、矿物质和维生素添加料

3%或用鲤鱼种饲料。

（三）投喂方法

手撒，先进行5～7天的驯食（驯食方法参见网箱养鱼技术），使云斑鮰形成条件反射，一听到敲船声便争相游到网箱上层抢食。日投饲2～3次，7～9月每天3次，时间一般为上午7～8时、中午12时至下午1时、下午6～7时，投饲按照“少—慢—多，快—少—慢”的投饲技术进行，等到仅有很少部分鱼缓慢吃食时，便停止投饲，投饵量占鱼体重的5%～3%。

（四）日常管理

坚持做到勤检查、勤洗箱、勤记录、防洪、防病、防逃。

养殖过程，始终坚持“以防为主，防重于治”的防病原则。入箱后一个月左右，注意防水霉病，用10毫克/升亚甲基蓝浸浴10～20分钟，每天一次，连用2天。平时，坚持药物挂袋，在每只箱表层的对角分别挂50克/袋的三氯异氰脲酸防病；在鱼生长旺季，每半月用0.2～0.3毫克/升溴氯海因泼洒一次。

汛期注意检查加固网箱，平时经常巡箱，捞除杂物。

采用一年养两批商品鱼的办法，可以取得更好的经济效益。春节前后将规格为6尾/千克和16～20尾/千克两种规格的鱼种入箱，到6月，便有部分鱼可上市，之后分级分箱，强化管理，养到9月，可全部起水上市。

第九节　乌鳢池塘高密度养殖

乌鳢肉厚鲜美，营养丰富，骨刺少，具有加快伤口愈合的药理作用。乌鳢适应性强、疾病少、生长快、容易获得苗种，池塘单养、混养、稻田养殖和网箱养殖均可。池塘单养亩产已突破5000千克（图2－10）。

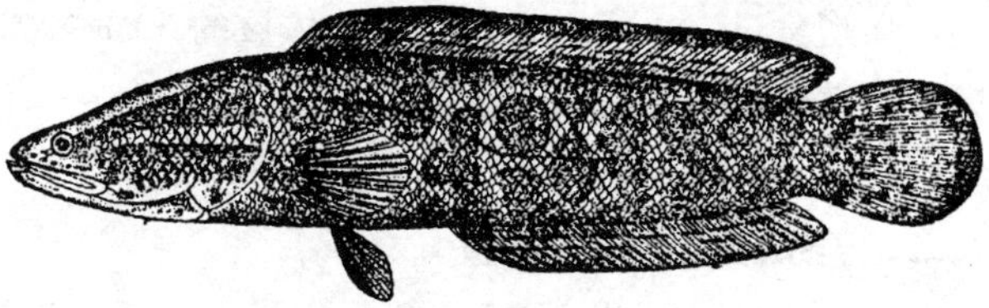

图2－10　乌鳢

5月中旬的鱼苗培育到8月底9月初，鱼苗可长到体重50克左右，体长可达13～15厘米，9月初开始到翌年的6～8月可达到商品鱼规格，平均在0.5～0.75千克，用当年的早苗，当年亦可出商品鱼。

一、生物学特性

乌鳢又名乌鱼、才鱼，栖息于水草茂密泥底质的湖泊、水库、河沟及池塘等水体中。平常潜伏在水底，捕食时或水中缺氧时才到水体中上层活动。乌鳢对不良水质、水温和缺氧有很强的适应力，除用鳃呼吸外，利用辅助呼吸器。可直接呼吸空气，在少水或无水的潮湿地带，也能生存一段时间。生存水温为0℃～39℃，最适水温为18℃～30℃，秋末水温下降至9℃以下时，活动迟缓，常潜伏于水深处，冬季水温更低时，则蛰伏水底。

乌鳢是凶猛肉食性鱼类。3厘米以内幼鱼阶段，主要觅食枝角类、桡足类、摇蚊幼虫、水丝蚓等；3～8厘米阶段，主要摄食水生昆虫、小鱼、小虾、蝌蚪等；20厘米以上的成鱼，以小杂鱼、虾、青蛙为主。乌鳢游得快，跳得高，捕食时并不追赶摄食对象，而是隐蔽在水草附近，看到有鱼虾在附近时，便猛冲过去，一举吃掉猎物。乌鳢食量大，最大胃容量可达体重的60%多。人工饲养条件下，也摄食人工配合饲料。

二、养殖池的选择和清整

以土池为好，面积100～300平方米，水深1.5～2米，池底淤泥10～15厘米，塘埂高于水面50厘米以上。鱼池四周环境安静，排灌方便，进水口和排水口用网片拦好防逃。池塘四周的塘埂上用竹篱笆或鱼网围拦，高1米以上，防止乌鳢跳上岸。在池面的四周拦种水葫芦等飘浮性水草，宽度在0.8～1米，一般水草面积占水面的20%～40%，供乌鳢隐蔽、捕食、高温时遮阳，并起调节水质等作用。水源充足、有条件的采用微流水养殖效果更好。

养殖前做好池塘的清整工作。池塘清整按常规方法清塘，消毒暴晒一周后进水，经试水放养鱼种。原已养过乌鳢的池塘，在消毒前，先用铁耙将底泥扒一遍，把埋于底泥中的乌鳢捉净，以免影响放养鱼种的成活率。

三、鱼种放养

鱼种要求规格整齐，体质健壮，体表色泽鲜艳，鳞片完整，活动正常自如，对外界刺激反应敏捷。3~5厘米的鱼种亩放5000~8000尾，10~15厘米的鱼种亩放4000~5000尾，16~20厘米的鱼种3000~4000尾，同池鱼种规格整齐。乌鳢精养池还可以投放少量的鲢、鳙鱼老口鱼种，以调控池塘水质。

当年鱼种5~6月放养，隔年鱼种在2~3月放养。调运鱼种最好在乌鳢停食前15~30天进行，使鱼种到达目的地之后仍能摄食，让它有一个恢复时期，同时内服药饵。若冬季停食后调运，捕捞时易受伤，鳞片脱落，特别是经过长途运输的鱼种，翌年春天，易暴发水霉病，死亡率高。下池前必须经过严格消毒，一般用2%~3%的食盐水浸泡10~15分钟后放养入池。

四、饲养与管理

（一）饲料种类

1. 鲜活动物饵料

包括小鱼、小虾、螺、蚌等，应注意新鲜、洁净，畜禽内脏切碎后使用，并用2%~3%的食盐水消毒10~15分钟。淡水野杂鱼的饵料系数为4.2~4.5，海水野杂鱼的饵料系数为5.5~6。

2. 人工配合饵料

营养丰富，储运方便。粗蛋白质40%以上，其中动物性原料占48%左右，糅合成团状，养殖过程中，仍需补充鲜活动物饵料。

（二）投饲

投饲要做到“四定”，每天投饲2～3次，在上午8时、下午1时、下午6时进行。投喂动物饲料时，将饲料抛投入饲料框内，饲料框架用竹竿围成，固定在水面上，9～16平方米（根据池塘的大小而定）。采取陆续抛投方式的效果好，抛投的力要大，使水面激起水花，饵料在水中漂晃，容易形成抢食的场面，又不会浪费饵料，便于控制投饵量。当鱼不再抢食时停止投抛。投饲人工配合饵料时（对未经驯化转食的苗种先进行驯化，驯食方法见网箱养殖部分），在鱼池中搭一食台。成鱼池食台用网片、竹子做成方形，面积大小根据池塘大小而定，安置在距离池边1～1.5米处，沉入水下50厘米，比鱼种池食台深一些。饵料制成软颗粒或团状，仍按少量逐步抛投方式为好，团块状饲料不要制得太干，以免饲料不适口，造成浪费，鱼不再抢食即停投。

鱼种放养初期，鱼体小，投喂小杂鱼时按鱼重的8%～10%，随着鱼体生长投饵率逐渐下降，一般鱼种长到150克左右，降至6%，以后基本上按鱼体重的5%～6%投饲。投喂配合饵料一般掌握在鱼体重量的5%～8%，随鱼体生长适当调整，总之，在生产中以鱼不再抢食时停投。

（三）养殖管理

1. 水质管理

定期清除残饵，清洗食台。在成鱼养殖早期每周换水1/3，15天大换一次，换去4/5。随着鱼体的长大，高温季节3天一小换，7~10天一大换，逐步加深水位。保持水质清新，透明度在25~35厘米。

2. 分级饲养

规格整齐是养殖成败的关键之一。乌鳢拉网起捕率很低，20厘米以前最好在大塘中搭网箱培育，经过2~3次分级饲养，鱼种体长达20厘米，放入大塘一直养到成鱼出池。每次分养前停食一天，防止食饵翻吐，污染分养时的水质，影响分养时的成活率。

3. 防逃设施的检修

乌鳢善跳易逃。饲料不足，遇雷雨天气可跳起1米多高，顺水逃逸。鱼池进、排水口、池埂必须安装坚实的防逃网、拦鱼栅等防逃设施。

五、病害防治

（一）预防措施

鱼池在放养前必须经过严格消毒，清除病原体。选择体质健壮、规格整齐的优质鱼种，下池前经过严格消毒。合理密养，适时分养，保证规格一致。加强饲养管理，坚持"四定"，鲜动物饲料一定要新鲜，配合饲料要营养全面，数量充足，吃食均匀。保持清新的水域环境，换水时温差不要超过4℃。操作谨慎细心，防止损伤鱼体。做好防病工作。每隔15~20天，全池泼洒生石灰并消毒食台一次。4~9月，每月用1毫克/升漂白粉全池泼洒一次防腐皮病、细菌性鳃病。

（二）常见疾病的防治

1. 赤皮病

鱼体体表局部出血，鱼鳞脱落，特别是腹部两侧，有蛀鳍现象。鱼行动缓慢，常漂浮于水面，体弱无力，常继发水霉病。治疗方法：①用 0.1 ~0.3 毫克/升含氯消毒剂消毒，如三氯异氰脲酸、二氯异氰脲酸钠、二氧化氯等。②口服鱼服康、出血康，每 100 千克鱼用药 50 ~100 克或根据说明书使用，拌入饲料投喂，连服 3 ~5 天，或每 100 千克饵料用土霉素 50 ~100 克拌饵投喂，连续 3 ~5 天一个疗程。

2. 水霉病

乌鳢生长的各个阶段都可能发生，特别是越冬阶段更容易发生。感染后的早期不易观察到，当水温回升到 18℃左右大量暴发。早期无明显症状（潜伏期），随着病原体在体内的蔓延，体表出现点状小血斑，食欲减退，鱼体逐渐消瘦。病灶部位黑色素消退，出现灰白色区域，鱼体表失去光泽。离群独游，有时停滞在水面、水草丛中、食台旁，相继长出絮状的菌丝体，肌肉变成浊白色，组织坏死直至死亡。防治方法：①发病期间用 2 ~3 毫克/升的五倍子全池泼洒，有较佳的疗效。也可用“水霉灵”治疗。②鱼种分养、捕捞、运输后，用 3% ~4% 的食盐水或在食盐中加入等量的小苏打浸泡鱼种 10 ~20 分钟再放养。

3. 出血性败血症

病鱼的鳍条基部、下颌至肛门的腹部发红，特别是胸鳍基部和靠近鳃盖后缘的体壁两侧有垂直鱼体侧线的出血条纹，个别病例尚有眼眶充血和肌肉充血现象。严重时腹部肿胀，肝脏有淤血，肠道中空充血，体腔内具有无色腹水。病鱼鳞片松散易脱落。急性发作时，从发现充血症状起经3~4天出现大批暴死的现象。

该病常在每年的6~9月暴发，特别是7月中旬至8月下旬的高温季节，养殖的各个阶段均有发生。治疗方法：①用1~2毫克/升聚维酮碘全池泼洒，隔天一次，连续2~3次。②口服出血康，用量按说明书使用。用法：可将药粉拌入糨糊中，待糨糊冷却后，再与鲜动物饵料拌匀、晾干后投喂。有良好的疗效。

4. 鱼鲺病

病鱼极度不安，狂游蹿跳，常并发其他病症。防治方法：用90%晶体敌百虫0.5毫克/升或强效灭虫精全池泼洒，最好在下午4~5时使用，效果较好。

第十节 月鳢网箱养殖

月鳢含有较高的蛋白质，肉质细嫩，味道鲜美，具有多种药用价值，历来被医学界推崇为保健珍品而走俏市场。

一、生物学特性

月鳢又称七星鱼、生鱼，基本生物学特性与乌鳢相似。体形与乌鳢相似，不同之处是体绿褐色，眼后头侧至鳃盖有两黑色纵带，体侧有7~9条“<”形黑色横带，尾鳍基部两侧有一黑色眼状斑，斑周为一圈珠色亮点，体侧布满灰白色芝麻大小的斑点，放射出珠光。雄鱼更

是星光闪烁，非常美丽，因此在国际观赏鱼市场上也有一席之地（图2－11）。

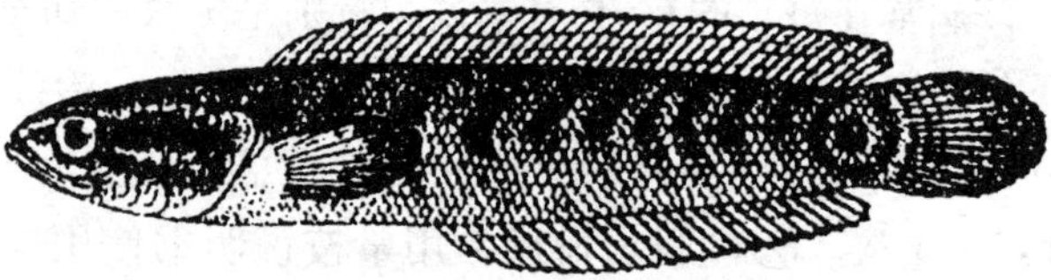

图2－11　月鳢

月鳢主要生活在水草繁茂的浅水池塘、沟渠中，性喜阴暗，日间潜伏，夜间活动，有穴居、集群、残食特性，跳跃逃逸能力极强。月鳢为广温性鱼类，生存水温1℃～38℃，生长水温13℃～30℃，最佳生长水温15℃～25℃，在湿润无水环境中能存活3～6天。自然条件下，常捕食小鱼、小虾、水生昆虫等，其性凶猛，动作迅速。也吞食少量水生植物。

月鳢个体较小，一般个体400～700克，最大900克，性成熟早（两年性成熟），生长速度较快，一般3厘米鱼种经8～9个月饲养（喂冰鲜鱼）可长至300～600克。月鳢耐低氧，对不良环境适应能力强，对养殖环境条件要求不高，适合稻田、池塘、水泥池、网箱等多种高密度方式养殖。

二、网箱设置

采用双层网箱。内层网箱为无结小网目封闭式网箱，目大以不逃鱼为准，3米×5米×2米；外层为敞口式网箱，3米×5米×2.5米。网箱高出水面0.5米。月鳢喜阴暗，网箱表面1/3面积盖上遮光布，箱内设浮性饵料框0.5~1平方米。

网箱的位置选择在缓流水、风浪小、水位较稳定的江河、水库、山塘之中，设置网箱的水域水深3米以上，按“品”字形排列，箱距2米以上。

三、鱼种放养

5厘米左右的鱼种每立方米水体放200~300尾，入箱前经3%的食盐水浸洗3~5分钟或15~20毫克/升的高锰酸钾浸浴15~20分钟以防鱼病。为了保证网箱内外水体的顺利交换，也可在网箱内混养少量大规格的鲴属鱼类以清除箱内附着生物，一般每箱放养5~8尾。

四、饲养与管理

（一）饵料参考配方

进口鱼粉50%，熟豆饼10%，次粉18%，α-淀粉4%，黄玉米10%，酵母5%，复合维生素1%，矿物质2%。网箱养鳢一般投喂膨化浮性配合颗粒饵料。

（二）驯食

鱼种进箱后要认真、耐心地驯化鱼种上浮摄食。具体方法是：将原投喂动物饵料的月鳢种苗先停食两天，然后用糜状配合饵料投喂，第一天按月鳢体重的0.5%投饵，若第二天早晨检查发现饵料吃完，则增加到体重的1%，若没有吃完，则继续按0.5%投饵。经过5~7天的驯食，若日投饵量达到月鳢体重的4%~5%时，表明已经驯化成功，能开始正常摄取配合饵料了，然后每天定时投饵3次。每次投饵前先敲打浮桶或框架，发出音响，然后再撒投一小把饵料于饵料柜中，重复几次，使鱼形成条件反射。由于月鳢警觉性高，怕人和音响，往往驯食较难，但无论有没有鱼上浮摄食，都要坚持驯食。驯食成功后，将大大提高鱼的摄食强度，同时也可避免操作时网箱振动使鱼受惊吓的现象。月鳢越小，越易驯食。驯食成功后每天定时投饵2~3次，投饵量为箱鱼重的3%~8%。投喂饵料时应“慢少—快多—慢少”。

（三）日常管理

按网箱常规养殖进行，重点抓好三项工作：

一是保证网箱内外水体畅通。二是分级饲养。在箱内鱼种规格悬殊时，进行过筛分级，及时将生长快、个体大的鱼捞出，同一箱内规格一致，并对鱼体浸浴消毒。三是在网箱区水质恶化时，移动网箱。

注意安全，搞好防病工作（鱼病防治参阅乌鳢池塘高密度养殖）。

本技术也适用于乌鳢、白乌鱼养殖。

第十一节 加州鲈鱼养殖

加州鲈鱼适应性广，生长迅速，抗病力强，易饲养，且肉质细嫩，味道鲜美，营养丰富，食用该鱼对伤口愈合有特殊功效，在国内外市场很受欢迎。适合池塘、网箱多种方式养殖。

一、生物学特性

加州鲈鱼学名大口黑鲈，是一种优质淡水鱼。鱼体呈纺锤形，较侧扁，背部肉稍厚，呈青黑色，腹部灰白色。眼球突出，口裂大过眼之后缘。牙齿为绒毛状细齿，锐刺。全身披淡金黄色细栉鳞。头部、背部散布密集黑色斑点，黑斑排列呈带状，从吻端开始直至尾鳍基部，鳃盖上有三条黑斑，呈放射状排列（图 2－12）。

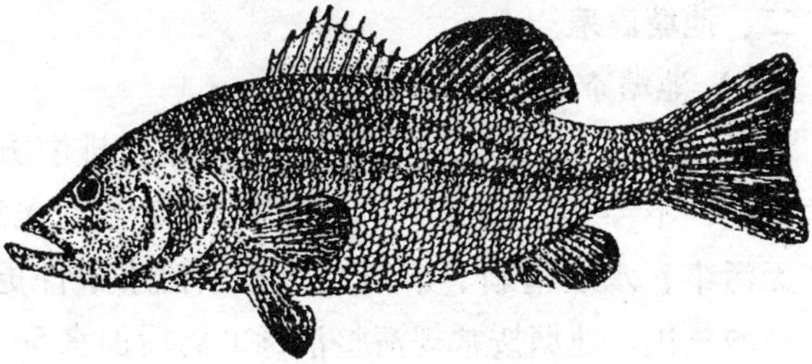

图 2－12　加州鲈鱼

加州鲈鱼主要栖息于混浊度低、且有水生植物分布的浅水区（1～3 米水深），常藏身于水下岩石或树枝丛中，有占地习性，活动范围较小。池塘养殖时，喜欢栖身于沙质或沙泥质不混浊的静水环境中，活动于中下水层。性情较温驯，不喜跳跃，易受惊吓。水温 1℃～36℃时都能生存，10℃以上开始摄食，最适生长温度为 20℃～30℃。溶氧量 4 毫克/升以上，在盐度为 10、pH 值 6～8.5 的水体均能适应。

加州鲈鱼是肉食性鱼类，掠食性强，摄食量大，常单独觅食。孵化 1 个月内的鱼苗主要摄食轮虫、枝角类、桡足类和小型甲壳动物；全长达 5 ~6 厘米的鱼种摄食水生昆虫和鱼苗；全长达 10 厘米以上时以其他小鱼作主食，当饲料不足时，会出现自相残杀现象。人工养殖条件下，摄食鲜活饵料或摄食人工配合饵料，生长均良好。当水温过低、池水过于混浊或水面风浪较大时，常会停止摄食。生长速度第一年最快。当年鱼苗年底可达 0. 5 ~0. 75 千克。养殖 2 年，体重约 1. 5 千克。

二、池塘养殖

（一）池塘条件

池塘面积不宜过大，以 2 ~ 3 亩为宜，排灌方便，光照充足，不渗漏，淤泥少，水深 1. 5 ~2 米。水源充足，无污染，水质清新、溶氧高，有微流水条件更好，并配备增氧机。池塘按常规清整消毒 1 周后加水 50 ~80 厘米，每亩水面施有机肥 150 ~250 千克，培肥水质。

（二）鱼种放养

放鱼种前先试水。放养时间一般在 4 月中下旬，水温在 18℃以上。池水中浮游动物达到高峰时，每亩放养 4 ~5 厘米的鱼种1500 ~2000尾，实行分级饲养或捕大留小的池塘可放到3000 ~4000尾。放养鱼种规格一致，并适当混养个体较大的中上层鱼类，如鲢鱼、鳙鱼、编鱼、鲂鱼等，以稳定和改善水质。

（三）饵料投喂

常用的饲料有河蚌、螺肉、泥鳅、蚯蚓、新鲜禽畜内脏、价低的鲜血、野杂鱼虾等；野杂鱼肉浆混入适量的配合饵料（鱼粉 60%，糠、麸 10%，次粉或玉米粉

25%，酵母，维生素，矿物质，添加剂5%），鱼肉浆与配合饵料之比为3∶1；鳗鱼饲料。

夏花鱼种入池后，以投喂鲜活饵料如家鱼苗（花白鲢、鲤鱼苗等）、鱼肉浆、水蚯蚓、红虫等为主，日投饵4次，日投饵量为鱼体重的10%～15%，以略有剩余为准，让鱼种吃饱吃好，以提高成活率。随着鱼体的增长，日投饵量为体重的8%～10%，食量增大，增加投饵量，并逐步转投新鲜动物饲料（如新鲜的野杂鱼、泥鳅、螺蚌肉、蚯蚓、禽畜内脏等）或人工配合饵料。10厘米规格的鱼种，鱼肉切成0.5厘米宽的小块，随着鱼体的长大，鱼块逐渐加宽到1厘米、1.5厘米、2厘米。

加州鲈由摄食活饵转变为死饵，由肉食转化为混合饵料，要经过驯化。

（1）投喂鲜动物性死饵时，停食2～3天后，开始驯食。先用水将池水泼动，然后抛出鱼肉块，抛出一块停几秒钟，再抛出一块，一边泼水，一边抛鱼块，每次投饵坚持20分钟左右，日投4次。经过1周左右的驯食，大部分鱼能前来抢食。驯食成功后，日投饵4～1次，日投饵量为体重的3%～10%，每次投饵以鱼不再抢食为宜。投饵量视鱼的摄食活动状况及天气变化灵活掌握。

（2）人工混合饵料参照大口鲇养殖驯食方法进行。驯化成功后，采用“四定”投饲法。定时：日投饵4～1次。早上7时、上午11时、下午3时、下午6时投喂。定位：人工饵料应糅和成团状投入食台上，以防散失和便于了解吃食情况。定量：日投饵量为鱼体重的

3% ~8%，每天投饵量以鲈鱼吃饱为原则，每次以1 ~ 1.5小时吃完为度。定质：人工配合饵料要求蛋白质含量在40%以上。饲料要新鲜，不能变质腐烂，并且要现加工现投喂。

（四）日常管理

加州鲈鱼不耐低氧，首先要防止发生缺氧。坚持早晚巡塘，平时发现池水过肥，水质恶化时，应加注新水，一般每周加水一次，保持透明度30 ~40厘米。池塘内配备增氧机，在天气闷热雷雨前，应事先开机增氧。防止农药及有害物质入池。其次是分级饲养。加州鲈鱼饲养一段时间后，规格大小出现差异，会出现弱肉强食、互相残杀的现象，因此，饲养两个月左右必须分池养殖，保持同池鱼规格一致，以便提高成活率和增加鱼产量。另外，在进出水口安装拦逃设施，防止外逃。加州鲈生存的极限温度，最低为2℃，最高为35℃，冬、夏两季提高池塘水位，保持水温适宜，使其正常摄食生长。

（五）预防鱼病

加州鲈鱼抗病力强，一般不会发病，但鱼种阶段易感染水霉病和车轮虫、斜管虫等寄生虫病。鱼种放养前必须用食盐或亚甲基蓝等药物浸浴消毒后再下塘。原生动物寄生，可用0.7毫克/升硫酸铜和硫酸亚铁（5∶2）合剂全池泼洒。水霉病可用2 ~3毫克/升五倍子或水霉灵全池泼洒。平时适当泼洒生石灰，改善水质。

三、网箱养殖

（一）水域选择

设置网箱水域应避风向阳，水面开阔，光照条件好，水深3米以上，透明度60厘米以上，水质无污染，溶氧5毫克/升以上，环境安静，以有微流水的水域为佳。

（二）网箱设置

成鱼网箱采用钢丝网片扎制而成。鱼种网箱目大0.8～1.2厘米，成鱼网箱目大2～3厘米，网箱面积8～20平方米，高2～2.5米。网箱结构为敞口（或封闭）框架浮动式，网箱入水深2米左右，超高0.5米，“品”字形排列，箱距1米，排距1－2米。网箱水域用毛竹围拦，以免船只误入损坏网箱。

（三）鱼种放养

鱼种进箱前10～15天，将网箱放入水中以附着生物等，使箱体光滑。放养鱼种体质健壮，无病无伤，每平方米放养夏花300～500尾或10厘米以上鱼种100～200尾，同箱鱼种规格一致。养殖过程中采用分级饲养，通过过筛分级，调整密度，减少互相残杀的机会，加速生长。分级时间在早晨6时左右进行，操作细心，尽量不要擦伤鱼体。放养前和分级后鱼种都要消毒处理，用3%食盐水或每100千克水中加1.5克漂白粉浸浴5～20分钟，浸浴时间视鱼体忍受程度而定，一般5～20分钟。

（四）饲养管理

网箱养殖的饵料投喂参照池塘部分 。每次投饵 1.5 小时后检查饵料台的摄食情况，决定投饵量的增减。春、秋季水温在 10℃以下时，基本不投喂，鱼吃食时才投。

日常管理与一般网箱养鱼基本相同。一般每 10 天洗箱一次，保证水流畅通。网箱中死鱼及时捞出，防水耗子咬破网箱，平时以及大风浪后检查网箱是否破损，以防逃鱼。注意养殖区水质变化，适时移动网箱位置。在 5 ~9 月发病季节，要常使用磺胺类或抗生素类药物拌饵投喂。还可用传统的挂袋、挂篓方法预防病害发生。

（五）捕捞与运输

适当降低池塘水位，再用疏网慢拉捕鱼。捕起上市的鱼在蓄养池中暂养 1 ~2 天，排净肚内食物。短途运输采用帆布桶（长和宽分别为 90 厘米左右）充氧，长途运输选择较厚而牢固的尼龙袋或橡胶袋充氧。运输水温以 12 ~18℃为好。必要时，另袋准备冰块，以降低并稳定水温。

第十二节　中华倒刺鲃成鱼养殖

中华倒刺鲃具有食性杂、生长快、个体大、肉质鲜美、营养丰富、经济价值高等优点，深受国内外市场欢迎。

中华倒刺鲃又名青波，体长稍侧扁，头锥形吻钝，口亚下位，须2对，颌须长达于眼径。背鳍起点前有一向前平卧的倒刺，尾鳍叉形。背部及体侧的鳞片边缘呈黑色，体背青黑色，腹部灰白色。各鳍青灰色，后缘为蓝色。幼鱼尾鳍基部有一黑斑，成鱼则不明显。一般栖息于山涧或底质多石的流水中。最适生长水温为22℃～28℃。当水温低于10℃或高于30℃时，食欲降低，水温超过34℃时，基本不摄食。中华倒刺鲃不耐低氧，要求水质清新，透明度高，溶氧量在4毫克/升以上。杂食性，以水生昆虫及其幼虫、植物碎片为食。性成熟年龄2～3龄，在有一定流速的水域中产卵，产卵水温19℃～22℃（图2－13）。

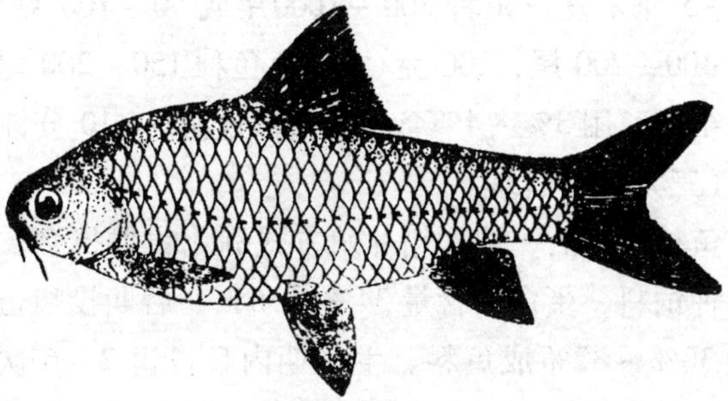

图2－13 中华倒刺鲃

一、网箱养殖

（一）网箱设置

水深4米以上，透明度60厘米以上，pH值7.0左右，水质良好，无污染。

网箱采用聚乙烯网片制成，鱼种、成鱼网箱规格一般为3米×3米×2.5米、5米×5米×2.5米，目大1～4厘米。鱼种网箱单层使用，成鱼网箱双层使用，外箱网目略大于内箱网目。内层封闭或敞口，外层敞口式。网箱超高0.5米。

（二）鱼种放养

鱼种放养前，应提前10～15天将网箱放入水中，鱼种体质健壮、无病无伤，同箱规格整齐，每平方米放养4～5厘米夏花鱼种800～1000尾或50～100克/尾的鱼种400～200尾，200克/尾以上鱼种150～200尾，鱼种进箱前，用3%～4%食盐水溶液浸洗5～10分钟。

（三）饲养管理

鱼种进箱后，按网箱养殖方式驯化集群摄食。投喂鲤鱼种饲料，蛋白质含量34%～36%，后期投喂蛋白质含量30%～32%成鱼料。生长期内日投饵2～6次，每次投饵量鱼种掌握在九成饱，200克/尾以上成鱼掌握在八成饱为宜。每隔3～5天补充一次青饲料。

分级饲养。养殖过程中，随鱼体长大，进行筛选分级调整密度，同箱规格整齐。其他技术参照鲤鱼网箱养殖技术进行。

鱼种进箱后，坚持每天早、中、晚多次巡箱检查，观察鱼情水情，检查网箱是否破损；清洗网箱，特别是洪水过后要立即清洗，除去杂物，保持网箱内外水体交换畅通，箱内溶氧充足；每隔半个月用生石灰、漂白粉或其他防治病害的药物全箱泼洒一次，并定期投喂药饵；每天测水温、透明度、pH 值等，做好各项工作的记录。

二、池塘养殖

（一）池塘条件

按常规。淤泥 10 ~ 15 厘米，水深 2.5 米，pH 值 7 左右，透明度 30 厘米左右。

（二）鱼塘消毒

鱼种下塘前 15 天，按常规消毒鱼塘，鱼种下塘前 2 天，用鱼试水，证明毒性消失后再投放鱼种。

（三）鱼种放养

选择体质健壮，活泼，无病、无伤的鱼种，每亩放养 50 ~ 100 克/尾鱼种 800 ~ 1000尾。

（四）饵料投饲

采用鲤鱼种颗粒饲料，日投饵 4 ~ 6 次，待鱼达 200 克/尾以上，用粗蛋白含量为 30% ~ 32% 的成鱼料，日投喂 2 ~ 3 次，饵料粒径 2 ~ 5 毫米，日投饵量为八成饱。

（五）日常管理

按常规，保持水质清新，每周注新水 1 ~ 2 次，使塘水透明度大于 30 厘米。适时用生石灰调节水质，预防鱼病发生。

第十三节　黄颡鱼成鱼网箱养殖

黄颡鱼俗名黄腊丁。为杂食性底栖鱼类，适应性强，广泛生活在各种淡水水域中。肉质细嫩少刺，味道鲜美，营养丰富，且具有很好的药用价值，是一种优良的经济鱼类（图 2－14）。

图 2－14　黄颡鱼

一、网箱设置

选择水面开阔、向阳，水质清新，溶氧丰富，pH 值 7.0 左右，透明度 60 厘米以上，水深 4 米以上，水流平缓处。网箱用结节聚乙烯网片（塑料网片为好）缝制，网目 3 厘米，规格 5 米 ×5 米 ×（2.5～3）米，双层结构，网箱设置按常规。在网箱底部设 1 平方米的饲料台，用以检查摄食和投饵情况，网箱上面搭遮阳棚，保持箱内较暗的光照。鱼种放养前 15 天将网箱下水，以减轻鱼种入箱时的擦伤。

二、鱼种放养

进箱鱼种规格一致，体质健壮（选用经驯食的鱼种为佳），每平方米放养 25～50 克/尾左右鱼种 400 尾，200 克/尾左右鱼种 200 尾。鱼种放养前用3%～4%的食盐水消毒 10～15 分钟。

三、饲养与管理

（一）驯　食

停食 1～2 天，开始使用鱼糜饲料，上台摄食后，改投添加诱食剂的颗粒饲料，驯食技术同网箱养鱼内容。驯食后，可以明显地看到黄鳝鱼在水面下抢食。

（二）饲料投喂

颗粒饲料粗蛋白为 38%，每天搭配投喂少部分鲜动物性饵料。小杂鱼、小虾、螺肉、蚌肉等切碎成适口大小，占日投饵量的 15%。配合饲料的配方为：优质鱼粉 30%，豆粕 20%，菜子粕 25%，麸皮 10%，小麦次粉 8%，玉米面 5%，添加剂及无机盐 2%。加工成适口大小的颗粒。日投饵次数 2～3 次。7～9 月鱼类摄食旺盛期，投饵 3 次：上午 8 时、下午 2 时、下午 6 时。其余时间上下午各一次，9 时和 17 时。投饵坚持“四定”，前期投喂九成饱，后期鱼种达 200 克/尾后投喂八成饱。根据天气、水温和鱼的摄食情况灵活掌握投饵量。每次投饵时间 30～40 分钟。每天的投饵量为鱼体重的 2%～

5%，以鱼群散开不再抢食为准。由于黄鳝鱼有夜间觅食的习惯，每天最后一次的投饵量占日投饵量的60%。

（三）日常管理

日常管理按常规。检查摄食情况及投饵技术。每半月清洗网箱一次，保证网箱内外水体通畅，随着鱼体的长大，进行分级分疏养殖，确保其快速生长。整个养殖过程操作细致，避免鱼体受伤。经常检查网箱是否破损，防止逃鱼。

（四）鱼病防治

坚持以防为主。每隔半个月用三氯异氰脲酸消毒一次，连用2~3次。定期用硫酸铜、硫酸亚铁合剂挂袋。每月投喂抗生素药饵一次，每次连续投喂3天。

第十四节　稻田高密度养殖泥鳅

泥鳅食性广，适应性强，抗病性好。高蛋白、低脂肪，味道鲜美，具有一定保健药用价值。

泥鳅不论在池塘、稻田、湖泊、河沟以及低洼沼泽地带，都能栖息生长。开展人工养殖经济效益显著。

一、生物学特性

泥鳅体细长呈圆筒状，体色随栖息环境而异。体被圆鳞细小，深陷皮内，侧线完全，黏液丰富。头尖无鳞，眼小。吻端有须5对，簇状，口下位，略呈马蹄形（图2－15）。

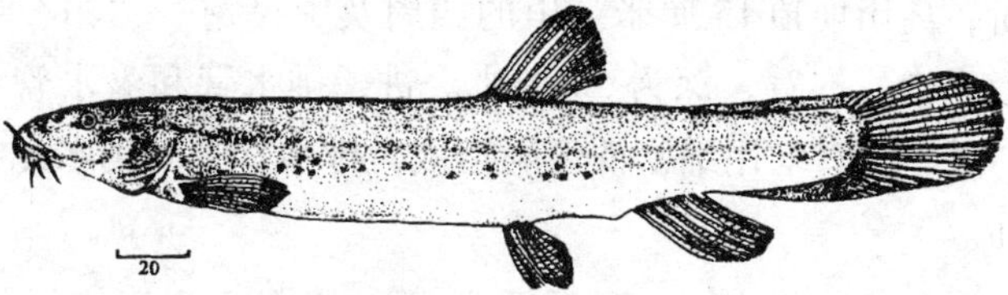

图2－15 泥 鳅

泥鳅喜栖息于底层腐殖质的淤泥表层，除用鳃呼吸外，能用皮肤和肠道呼吸。泥鳅是杂食性鱼类，喜夜间觅食，以昆虫、小型甲壳动物、水草嫩叶以及硅藻、蓝藻、绿藻、裸藻、黄藻和浮游动物等为食。体长3厘米以上幼鱼阶段，胃肠食团中腐殖质最多；动物性饲料以小型甲壳动物最多，其次是裸藻、蓝藻。在人工饲养条件下，通过施肥培养浮游生物饵料，沉积池底的残饵、粪渣也可作它的食料。人工饲养可投喂商品饲料，如花生饼、米糠、麸皮、豆饼、蚕蛹粉、螺、蚯蚓、水丝蚓、鱼肉、家禽家畜内脏等，也食人畜粪便。泥鳅个体小，重量轻，贪吃，过饱时易引起消化不良，影响正常呼吸造成胀死。

泥鳅是温水性鱼类，生长水温为15℃～34℃，最适生长水温为24℃～30℃。当水温降到5℃～6℃以下或高于35℃～36℃时，潜入泥中10～30厘米泥层深处进行休眠。

二、稻田工程建设

选择水源充足，水质良好，面积2～10亩的稻田，四周用水泥或塑料板、薄膜、纱窗等（入泥 30 厘米）建起 80 厘米高的防逃墙。沿田埂修一 20 厘米宽的台阶，离田埂顶 15 厘米。田的四周及中央挖一“田”字形水沟，沟宽、深为 50 厘米。进、排水管和溢水管各一处，管口均用细密铁丝网拦截，排水管平时用水泥封住。

三、鳅苗的放养

2 月下旬在稻田灌水前，每亩用生石灰 75 ~ 100 千克均匀泼洒，进行清整消毒。亩施发酵过的猪粪 1000 千克，进水经过滤入田，沟内水深 30 ~ 40 厘米，培肥水体，水的透明度为 25 厘米左右。秧苗返青后，投放鳅苗亩放 3 ~ 5 克/尾规格的鳅苗 2 ~ 2.5 万尾，放养前用 3% 的食盐溶液浸泡 10 分钟左右，消毒后入田。

四、饲养与管理

（一）施肥

养殖过程中，为了保证浮游生物不断，必须及时、少量、均匀地追施有机肥。每隔 10 ~ 15 天施肥一次，每次每亩用肥 150 千克。另外，根据水色的具体情况，每次每亩施 1.5 千克左右的尿素，以保持水体呈黄绿色。

（二）投饵

由于田中泥鳅的密度较高，应投喂人工饲料，如豆饼、蚕蛹粉、蝇蛆、蚯蚓、螺、蚌、屠宰场下脚料、米糠、豆渣、菜子饼、麸皮等，以补充天然饵料的不足。

7~8月是泥鳅生长的旺季，要求蚕蛹粉达15%、肉骨粉10%、豆饼25%的配比，日投饵2次，投饵率为10%。9~10月份以植物性饲料（如麸皮、米糠等）为主，一般每天上、下午各投喂一次，投喂量为泥鳅总重量的2%~4%。早春和秋末2%左右。具体根据泥鳅取食情况灵活掌握，一般每次投饵后，1~2小时内基本吃完为宜。

（三）水位控制

水位控制极为重要。田面以上实际水位一般控制在5厘米以上。适时加入新水，一般每半个月加水一次，夏天高温季节应适当加深水位。

（四）疾病防治

由于泥鳅适宜于水田养殖，在养殖过程中一般没有疾病发生。为防止赤皮病发生，每月用土霉素药饵（10~20克药/50千克饲料）投喂2~3天，每月每亩用生石灰10~15千克化浆后全池泼洒。

水稻施农药时间一般在插秧前3~5天，或插秧后5~7天，对秧苗施药预防一次。

（五）日常管理

每日巡田两次，检查防逃设施，特别是雨天注意仔细检查漏洞。防止天敌入侵（如水蛇、鸭等），观察泥鳅的活动和摄食情况。严禁含有甲胺磷、毒杀酚、呋喃丹、五氯酚钠等剧毒农药的水流入。水稻栽培管理技术同稻田养鱼。

五、捕捞

1. 冲水捕捞

在靠近进水口的地方，铺上网具，从进水口放水，因泥鳅有逗水特性，待一定时间后将网具提起捕获。此法适于水温20℃左右，泥鳅爱活动时进行。

2. 饵料诱捕

把炒香的糠或麸皮放在竹笼内，将笼置于沟内诱鳅入笼。

3. 干田捕捉

慢慢放干田水，使泥鳅集中到沟凼内捕捉。

第十五节　黄鳝小网箱养殖

黄鳝是大众化营养滋补水产品，肉质细嫩，味道鲜美，营养丰富，骨刺少，有保健、药用价值，可食部分高达67%以上。

一、生物学特性

黄鳝也叫鳝鱼，体形细长，呈蛇形，前段圆筒状，向后渐侧扁，尾部尖细。前鼻孔在吻端，后鼻孔在眼前缘上方。体表无鳞，多黏液，润滑。养殖品种宜选背侧呈黄棕色，并散布深棕色和赤黄色的斑点，腹侧呈橙黄色，并有淡色斑点（图2－16）的黄鳝进行养殖。

黄鳝穴居生活，适应性强，无论在池塘、水库、湖

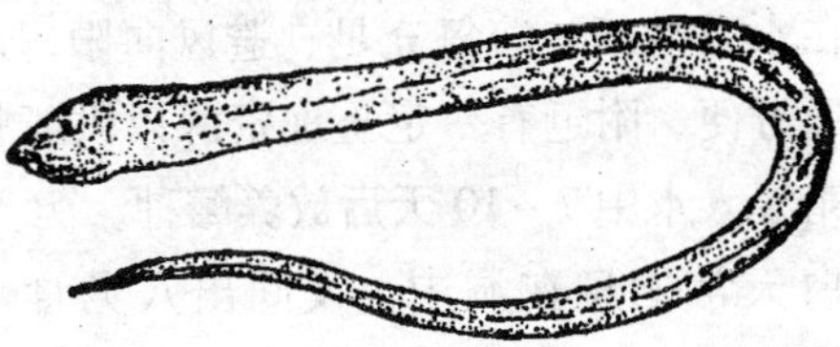

图 2-16 黄鳝

汊、稻田、河沟都能栖息生长，尤其喜欢栖息在腐殖质较多、水质偏酸的淤泥中，常钻入泥底或田埂、堤岸、水边乱石缝中营穴居生活。昼伏夜出，夜间出穴觅食频繁活动。水温10℃以下潜入泥土深层进行冬眠，水温升至18℃迁居地表洞穴，开始觅食。生活适温为15℃～30℃，最适生长温度24℃～28℃，10℃以下开始冬眠，32℃以上食欲减退，出现不适反应。黄鳝皮肤及喉腔的内壁表皮有微血管网，吞咽空气可直接进行气体交换，保持皮肤湿润即可运输。

黄鳝为凶猛肉食性鱼类，幼苗阶段主要摄食枝角类、桡足类、轮虫等浮游动物，成鱼喜食摇蚊幼虫、飞蛾、蚯蚓、蝌蚪、幼蛙、螺、蚬以及小型鱼虾等动物。人工饲养条件下，经驯食，也食植物性商品饲料。黄鳝的摄食属噬吸方式，每当触到小动物在其口边时，就张口吸进去，吞到胃中慢慢消化。

二、网箱的结构与设置

网箱由聚乙烯网布缝合而成，目大为7～10目至1厘米。规格为5米×2米×1.2米。底网为密网布，超高15厘米。网箱盖网目大4厘米，网箱高出水面50厘米。设置在水质清新、溶氧充足、避风向阳、水深 3 米以上、交通方便、附近有一定土地资源以供蚯蚓养殖的地方。网箱浸入水中 7 ~ 10 天后放养鳝种。

黄鳝白天常栖息在洞中，夜间出穴觅食，不耐高温。养殖过程中，应于 4 月份开始在网箱内两头设置水花生作为隐蔽物，水花生用 50 克/升的食盐水浸泡 10 分钟入箱，占箱内水面的 80%，为黄鳝的生长栖息提供一个良好的环境。

三、鳝种投放

选体色黄、上布黑色斑点，体格健壮、无病无伤的鳝种。规格可小可大，一般每平方米放养鳝种 2 ~ 3 千克。由于黄鳝争食能力强，在饵料不足的情况下，相互残食，要求同箱鳝种规格近似。

四、饲养与管理

（一）饵料及投喂方法

黄鳝为肉食性鱼类，其饵料的来源有两条途径：一是人工大规模简易培育蚯蚓。选择向阳温暖的地方挖好蚯蚓养殖池，长方形，长 3 米 × 宽 1.5 米 × 深 0.6 米，四周挖好排水沟，铺上塑料薄膜，上搭雨棚遮雨、遮阳。用猪粪、树叶、杂草、干草、瓜皮及垃圾等先经堆沤腐熟，并保持适当的温度，即可成为蚯蚓的饵料。二是利用每年4 ~ 5月农田翻耕时蚯蚓怕水淹而爬逃的特点，大量搜集蚯蚓。投饵方法：黄鳝入箱后 3 ~ 4 天，晚上开始投饵驯化。将蚯蚓投于饵料台上，饵料台面积

0.5～1平方米，离箱底20厘米左右。投饵量为体重的1%～2%，以后逐步增加，投饵量增加到体重的4%～5%后，全箱均匀遍撒。黄鳝有夜间摄食的习性，每天下午6时投饵一次，以两小时内食完为宜。生长旺季，每天投饵量为鳝体重的7%～8%。

（二）加强管理

第一，管理是养殖成败的关键。包括水质、投饵、防病、日常管理等。投饵是饲养管理工作的中心。投饲方法合理可以节约饲料，降低饲料系数和成本。投饵要求量足均匀，决不可使鳝鱼时饱时饥。饲料要保持鲜活。残饵应及时清除。

第二，适时调换大网目网箱，调整鳝种规格，以利生长。

第三，坚持以防为主，做到无病先防，有病早治。鳝种进箱时，每100千克鳝种用3%浓度的食盐水浸洗10分钟后放入网箱。平时每隔半月投放药饵一次，按50千克黄鳝用磺胺5克拌饵料投喂，同时用0.2克/立方米浓度的溴氯海因泼洒网箱周围。当暴雨或天气闷热时，见黄鳝竖直身体前部，将头伸出水面，出现缺氧时，应及时洗刷网箱，以利水体交换。如发现鳝鱼浮上水面独游，局部发白，这是鳝种受伤引起水霉病，应立即采取措施进行治疗。

第十六节　香鱼养殖

香鱼体细长而侧扁，头小而吻尖。身体上侧绿色，背缘黑色，两侧及下侧为白色。肉质细嫩，体色美，因能散发出诱人的香味而得名（图 2－17）。

图 2－17　香鱼

香鱼生长的温度为 10℃～27℃，在 15℃～25℃范围内，生长速度与温度成正比，22℃～24℃为最适生长温度，越冬时温度下限为 2℃～3℃。香鱼的食性和其他植物性食性的鱼类相似，仔鱼孵出 4～5 天后开始摄食小型浮游动物，如轮虫。体长 4 厘米左右时摄食枝角类、桡足类以及其他小型甲壳类，以后逐步转变为摄食低等藻类。香鱼多为一年生，产卵水温 14℃～29℃，卵为黏性，产卵量 1 万～13 万粒，一般为 2.5 万粒，卵径 0.9～1.0 毫米，产卵后亲鱼大部分死亡。

一、鱼池条件

鱼池应选择在水源充足、流量大（一般要求每秒 27

升的流量)，pH 值在 6.5 ~ 7.8，饵料丰富无污染的地区。

鱼池大小视水源及水量而定。一般每个鱼池以10 ~ 150 平方米较为宜。圆形鱼池养殖效果最好，无死角，又易于集污及时排出、保持水质新鲜；池底周边向池中倾斜，保持1/10 ~ 1/15 的倾斜度。水深 60 ~ 90 厘米，水交换率为 0.5 次/小时。池底和池壁用石块或混凝土砌成。放苗前经消毒处理（生石灰 0.2 千克/平方米），提前 15 天左右进水，使池壁长满硅藻后再放苗，以增加香鱼特有的香味。

二、鱼种放养

苗种可进行充氧长途运输。水温 17℃ ~19℃时，装运密度为 70 ~ 80 尾/升，经 7 ~ 8 个小时后，运输成活率可达 98% 以上。鱼苗在放进鱼池之前，须先进行药浴消毒，药浴抗生素用量为水量的 1/5 万 ~1/10 万。

水量充足，平均每平方米可放养体长 4.5 ~7 厘米鱼苗 70 ~130 尾，香鱼的商品规格为 80 克。

三、饵料与投喂方法

香鱼饲养前期的配合饵料配方为：鱼粉 25%，动物蛋白粉 5%，鸡肉粉 4%，豆粕 10%，米糠 15%，紫花苜蓿 5%，酒糟 8%，维生素与无机盐混合物 4%，固体脂 6%，黄玉米粉 10%。以后随体长的增长，逐步降低动物蛋白的比例。一般 3 月中旬放养体重 5 ~6 克的鱼苗，到 6 月上旬便可达商品规格。也有人提出，多投饲新鲜、营养丰富、含动物蛋白比例较高的饵料，以生产较大规格的商品。

在放养当日便可投饵驯化，投喂方法多采用撒饵方法。日投饵5～6次，投饵量视鱼苗的健康情况和天气而定，经过几天以后，投饵量逐步提高到15%左右。驯化成功后，日投喂两次，以后随体重增长增加到3～5次，日投饵量为饱食。据观察，香鱼一般白天摄食，早、晚摄食量较大，因此在早、晚应多投。日投饵量在溶氧充足、水温17～22℃时为鱼体重的20%，如果温度低于17℃且溶氧量较低应减少投喂量。

四、饲养管理

注意水温的变化。香鱼不耐低温，水温较低时，易引起消化不良，应避免投喂含脂肪较多的饵料。为延缓香鱼性腺发育，6月上旬开始增加光照达16小时以上，照度不低于50勒克斯。

香鱼有时也互相残食，所以要经常巡池，观察香鱼的摄食及活动情况，以便及时调整投饵量，保证充足的饵料供给。根据香鱼的活动及食欲变化，及时检查有无病害发生，以免造成损失。

第十七节　杂交条纹鲈养殖

杂交条纹鲈具有体形和体色优美，肉质好而有特殊香味，商品价值高，生长快、个体大、产量高、抗病力强的优点，是很有发展前途的养殖品种。

一、生物学特性

（一）形态特征

杂交条纹鲈体高而侧扁，呈纺锤形。背部青灰色，体侧和腹部银白色，侧线上下都有纵向排列的黑色条纹。条纹较乱，常有间断现象。幼鱼体侧有斑点，成鱼则无（图 2－18）。

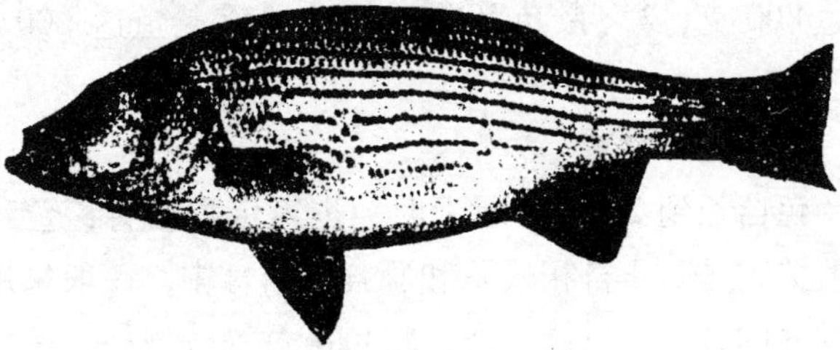

图 2－18　杂交条纹鲈

（二）生活习性

杂交条纹鲈是温水性鱼类，生存温度为 4℃～33℃，最适水温 23℃～27℃。高于 30℃时摄食减少，生长受到抑制，容易感染疾病；高于 33℃可引起死亡。水温低于 15℃时摄食量也减少，生长减慢。适宜的 pH 值为 6～9。杂交条纹鲈对环境变化比较敏感，尤其是在低溶氧的环境下，或从较清的水体转移到较混浊的水体，或从高碱度的水中转移到低碱度的水中时，容易引起强烈的应激反应而死亡。因此要求养殖池水质清新，碱度 100 毫克/升，溶氧达 4 毫克/升以上，鱼种运输或过塘前，必须停食和进行拉网锻炼，使其对环境改变有个适应过程。

（三）食性

杂交条纹鲈属肉食性鱼类，在天然水体以摄食小鱼虾为主。仔鱼的开口饲料以轮虫为主，鱼苗长到 0.8 厘米以后（约 15 日龄），可摄食小型枝角类，2 厘米以后出现互相残杀，5 厘米以上经驯食可摄食配合饲料。

（四）生长

杂交条纹鲈的生长速度快，池养条件下，1 冬龄鱼可达 800 克，2 冬龄鱼可达2000克，3 冬龄鱼达3000克。

二、鱼种培育

鱼苗长到 2 ~ 2.5 厘米时，进入鱼种培育，鱼种培育的关键是防止自相残杀和驯食。培育中，一般采用分级饲养的方法。每周一次，将鱼苗过筛分规格，按规格分池饲养。用鱼糜拌入甲鱼饲料或微型颗粒饵料进行驯食，驯食要有耐心，次数要多，投喂时间要长。培育中，由于水质变化很快，必须经常加换新水。鱼种长到 4 厘米以上时，转到网箱或土池培育。

网箱培育每平方米放养 4 厘米鱼种1000 ~ 1500尾，土池培育每亩放养 3 万 ~ 5 万尾。投喂鱼糜或配合饵料，经 15 天培育，可达 6 ~ 8 厘米的大规格鱼种。为提高培育的成活率，日投饵 5 ~ 6 次，培育过程中最好过筛分规格一次。

三、成鱼养殖

（一）池塘养殖

面积5～6亩，水深2米以上，水质清新，注排水方便，并配备增氧机的池塘比较适宜。亩放鱼种1000～1200尾，搭配斤两大规格鲢、鳙鱼种80～100尾。投喂小杂鱼或颗粒饵料，颗粒饵料的蛋白质含量为38%～44%的肉食性鱼类饵料较为合适。用小杂鱼作饲料时将鱼搅碎，并添加复合维生素投喂。养殖的关键是保持水质清新和防止水温过高。杂交条纹鲈最适宜生长温度是23℃～27℃，水温超过30℃时，生长受到抑制，并容易引发鱼病。日投饵2次，投喂时间掌握在上午9时前和下午6时后。采用分级饲养的方式，鱼种过塘操作过程要细心，过塘前拉网锻炼。成鱼上市前也要经停食和拉网锻炼，才能保证运输的成活率。池塘养殖一般亩产可达500～600千克。

（二）网箱养殖

网箱养殖杂交条纹鲈是一种比较好的方式。网箱的规格一般为3米×3米×2.5米，置于水库、湖泊或河道中。每平方米放养当年鱼种50～60尾，投喂小杂鱼或颗粒饵料，日投饵4～2次，日投饵以九成饱为宜。其他参阅网箱养鱼。网箱养殖也可将500克左右的成鱼每平方米放养5～10尾，经一年的养殖，养成3000～5000克的超大规格商品鱼，用于加工生鱼片。

四、鱼病防治

鱼病防治以防为主。杂交条纹鲈抗病力强，很少发病，一般每月用硫酸铜一次，隔天用强氯精或溴氯海因一次，用药后适时换水。每次分级时用10毫克/升的高锰酸钾溶液浸浴一次。

第十八节　澳大利亚银鲈池塘养殖

银鲈肉味鲜美，肉质软嫩，无肌间刺，含肉率高(40%)。富含Omega-3，对人体心血管系统有益，可减少心率紊乱、冠心病、高血压、类风湿性关节炎等疾病的发病率，能促进儿童大脑和视力发育，甚至对一些癌症有一定的抗癌作用。

银鲈生长速度快，疾病少，成活率高（>90%），单产高，养殖成本低，效益好，是水产商业养殖的好品种。

一、生物学特性

银鲈体形似梭形，色银白，适应性广，生长较快，体长5厘米体重2克的鱼种，12个月可长至1.3千克，且生长整齐，个体差异不大。银鲈的生存温度为2℃~37℃，最适温度20℃~30℃。水温低于12℃基本停止生长。溶氧4毫克/升以上，pH值为6~10，适宜pH值为6.5~8。

银鲈属杂食性鱼类，不相互残食。主要食物有藻类、浮游动物、水生昆虫、软体动物、甲壳类以及植物碎屑等。人工养殖，鱼种和成鱼容易适应及喜欢摄食人工配合硬颗粒饵料、鱼肉、昆虫粉和甲壳类肉等。喜在水表面或池边活动，群居。适宜大规模养殖。

二、养殖

（一）鱼种培育

池塘面积1~2亩，水源充足，符合渔业水质标准，注、排水方便，向阳。经常规清池消毒，施有机肥后，注水0.6米深。银鲈鱼苗以浮游动物为食，池中轮虫达到高峰期放入开口摄食的鱼苗。培育方法按常规肥水育苗技术实施。培育期间，适时加水调控水质。

（二）驯食

鱼苗达3厘米左右，开始驯化摄食人工饵料。将适量的粉状饵料全池撒投，日投饵4次。逐步收缩投饵范围，并改投碎粒饵料，小把慢投，7~10天后，完全适应人工颗粒饵料投喂。

（三）大规格鱼种培育

3.5厘米左右的鱼种亩放2000~5000尾，鱼种下池时用3%的食盐水浸浴消毒。人工颗粒饵料蛋白质含量为34%~36%，日投饵次数由4次逐步降到2次，鱼群多在近岸边的水面摄食。投饵量以鱼群不再抢食，大部分鱼群散开，以喂八分饱、九分饱为宜。培育期间，适时加注新水，每月亩用10～15千克的生石灰全池泼洒，调节水质，杀灭病菌。

（四）成鱼养殖

鱼池条件按常规要求，面积3～5亩，池深2.5米，配备增氧机。经清池消毒，施放有机肥料，注水1.5米。亩放7～10厘米的鱼种1500～2000尾，长到一定规格后进行分级、分池饲养，或亩放25～50克/尾鱼种800～1200尾。鱼种放养前用3%的食盐水浸浴20分钟左右，以杀灭寄生虫。饵料蛋白质含量为32%～34%。日投饵2次，上午9时，下午4时。投饵采用“慢少—快多—慢少”投饵技术，投饵量以八分饱为宜。2.5～20克/尾鱼种颗粒饵料粒径为1×3毫米，20～100克/尾鱼种3×5毫米，100～160克/尾鱼种3×12毫米，160克/尾以上鱼种5×12毫米。

饲养期间，适时加注新水，以生石灰调节水质，蓝绿藻大量繁殖时，会影响银鲈的摄食和生长。pH值控制在6.5～7.5为宜。池水透明度控制在30厘米左右。其他日常管理按常规要求。池塘养殖的商品鱼出售前，可在盐度为0.25%的清水中暂养一周，以去除泥腥味。

第十九节　花鲈淡水养殖

花鲈具有适应能力强、食性凶猛、食量大、生长快、病害少、肉质鲜美、广温广盐、体形体色好等特点，是我国名贵经济鱼类之一（图2－19）。

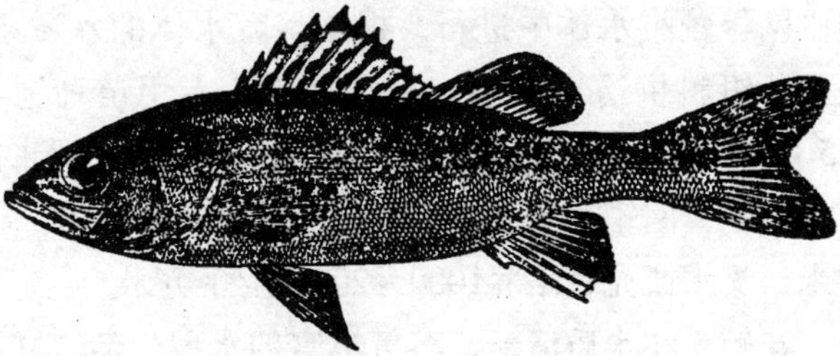

图 2-19　花鲈

一、苗种培育

（一）淡化处理

4 月下旬至 6 月从北方海区购进鱼苗，规格多为 1.5 ~2.0 厘米和 2.5 ~3.5 厘米。5 月上旬以前的苗种当年可以长成较大规格的商品鱼。花鲈鱼苗在装运前进行淡化处理。

淡化处理：由于海水和淡水的理化因子差异较大，应进行逐步淡化处理。在充气的水泥池或大水缸中，按 2500 尾/立方米的密度放入鱼苗，每天换去 1/3 ~1/4 的海水或培养用水，加入等量的淡水，经 3 ~4 天逐步淡化，培养水质已接近淡水时，即可将鱼苗移至苗种培育池内驯养。

（二）大规格鱼种培育

为了使鱼苗更好地适应淡水养殖，提高成活率，加快早期生长速度，增强大池养成的适应能力，也为了便于苗种的饲养管理，需要在小水体中高密度强化培育。

鱼种培育可在专用鱼种培育池、水泥池、网箱、塘边围网等较小水体中进行，根据培育水体的水质条件，氧气、饵料供给情况确定放养密度。专用苗种池亩放1.5~2.0厘米的鱼苗1万~2万尾，2.5~3.5厘米的鱼苗8000尾；网箱、塘边围网等静水培育50~100尾/平方米，流水或充氧培养1000~2000尾/平方米。

花鲈喜在水质清新、溶氧丰富的水中生活，并有一定的集群习性。鱼种培育池应靠近水源，水质较好，进排水方便，配备增氧设备更佳。面积不超过3亩，形状较为规范，水深1.5~2米，淤泥较少，同时交通便利。放养前一个月进行池塘清整，彻底清塘（清塘方法同常规）。放苗种前10天，进水口处加装密网过滤，防止其他鱼类带入，进水70~100厘米。每亩施有机肥150千克、化肥2千克，培育浮游生物，作为6厘米以下鱼苗的基础饵料。水色为油绿色或茶褐色，透明度30厘米左右。

适当的驯饵和正确的投饵方法是提高花鲈鱼种培育成活率的关键措施之一。花鲈苗在自然环境中主食浮游动物和小鱼、虾等。开始时以红虫或家鱼苗为主，辅以鱼虾糜。以后逐步过渡到鱼糜（如果投喂浮性颗粒饵料，此时应逐步在鱼糜中加入浮性颗粒饵料碎粒），通过驯化逐步过渡到投饲碎粒鱼肉，投饵率10%~15%，日投饵4~3次；20天后逐渐投饲绿豆粒大小的鱼块，30天后为黄豆大小的鱼块，投饵率为8%~10%，日投饵4~3次。投鲜饵时先用手或工具拍击水体，产生声音或造成水花，以引起鱼苗的注意，然后慢慢地带水泼洒投喂。水体较大时要在鱼池四周分散投喂，保证鱼苗都能吃到饵料。个体长大、活动能力增强后逐步驯化至定点投喂。

鱼种培育期间由于放养密度较大，要防止水质恶化。每隔2～3天加注新水一次，达到最高水位后，每次换水1/5～1/3，同时泼洒生石灰水一次，调控水质(pH值7.5左右)。小水体充气培育，与外界水体交换少，应每天吸污、换水、控制投饵量，保证鱼苗吃饱吃好，又不浪费。进、排水口要加装密网，防止野杂鱼进入或鱼苗逃逸。每周进行水体消毒，用0.3毫克/升的强氯精或0.2～0.3毫克/升溴氯海因泼洒一次，饲养后期用肠鳃宝每100千克饲料加药50～100克，每天投饲一次，连续投饲3天。如发生斜管虫等寄生虫病，可用硫酸铜治疗。

鱼种培育期间，有条件的，应中途分级一次，将不同规格的鱼种分池饲养，以提高成活率，加速生长。花鲈鱼苗经20～30天的驯养，一般可长到7厘米以上，成活率可达90%，随后转入成鱼养殖。

二、成鱼养殖

经强化培育而成的大规格鱼种，通过筛选，分规格放养，经5～6个月的精心饲养，大部分个体可达400～500克的上市规格。

花鲈成鱼养殖包括池塘养殖和网箱养殖，一般鲜饵料系数为4.5～6。

（一）池塘养殖

选择水源充足，水质良好无污染，注排水方便，池底淤泥少，交通方便，面积3~10亩的池塘，配备增氧机。鱼池经清整消毒后加注新水0.7米，试水后放入鱼种。亩放7厘米以上鱼种800~1200尾，为改善水质状况，利用残饵，每亩搭养规格为250克/尾的鲢鱼80尾、鳙鱼20尾。

花鲈食性凶猛，饵料不足时会互相残杀，因此，提供新鲜、适口、充足的饵料是养好花鲈的关键。饵料以鲜鱼为主。鱼种刚入池时，投饵范围要大些，确保鱼种有较多的摄食机会，通过逐步驯化最后到定点（小塘1~2个点，大塘3~4个点）。日投饵3~2次，上午9时、下午4时或上午9时、下午2时、下午6时，投饵量分别为日投量的40%、60%或30%、20%、50%。养殖期内要定时投喂，日投饵量占花鲈体重的5%~8%，11月后为3%，冬季应适量投喂。花鲈体长10~20厘米时，投喂黄豆大小的鱼块，以后随个体生长，鱼块逐步加大，投喂鱼块采用抛投法，开始时慢抛少投，当鱼群争食时快抛多投，鱼群摄食减慢后，慢抛少投，直至摄食结束。全过程一般20~30分钟。

适时加注新水，调控水质。一般2~3天加水一次，将水加至最高水位，夏季高温季节，每天换水10~20厘米，根据水质情况，适时泼洒生石灰调节。每月投喂"肠鳃宝"药饵一次，日投2次，连续3天，同时泼洒1毫克/升聚维酮碘一次进行消毒预防。花鲈体披栉鳞，拉网较易受伤，养殖期间不宜多拉网。花鲈个体生长差异较大，养殖期间在投饵上应加以注意。花鲈上网率较高，达商品规格后可捕大留小，以加速留塘鱼的生长。

其他日常管理同常规。

(二) 网箱养殖

网箱设置在水质清新、符合渔业水质标准、水面开阔向阳、有一定缓流或风浪较小的地方，溶氧在4毫克/升以上，水深4米以上。常用网箱规格为3米×3米×2.5米~5米×5米×（2.5~3）米。网目1~5厘米，每平方米放养7厘米以上规格鱼种200~250尾，15~20厘米鱼种100~150尾，250克/尾以上鱼种80~100尾。

花鲈驯食技术可参照加州鲈鱼驯食技术，要有耐心逐步驯化到上浮抢食。驯饲期间，日投饵4次，每次坚持20~30分钟，小把慢投。驯化成功后，日投饵次数4~3次。投饵量以鱼不再吃食为止。

分级饲养是提高花鲈成活率，加速生长的重要措施。整个养殖期间，三级分选，带水操作，调整放养密度和网目大小，同箱规格近似。其他管理同网箱养鱼技术。

花鲈可用人工配合饵料养殖，生长速度接近用鲜活饵料喂养。人工配合饵料的颗粒要适口，蛋白质含量鱼种阶段为45%，成鱼阶段为40%。

三、鱼病防治

鱼病“以防为主，防治结合”。定期消毒预防，发现疾病及早治疗。

(一) 烂鳃、肠炎

病鱼体色变黑，鳃丝苍白、腐烂。腹部膨大，肛门红肿，挤压腹部有淡黄色黏液流出，离群慢游。每100千克饲料用“肠鳃宝”50～100克，每日2次，连续3～5天。同时，用0.3毫克/升二溴海因泼洒一次，或网箱浸浴。

（二）出血病

病鱼胸鳍、背鳍基部红肿充血，行动迟缓，食欲减退。病毒感染、传染性强。每100千克鱼用“出血康”50～100克拌饵投喂，日投2次，连续3～5天。

（三）水霉病、寄生虫病

用2毫克/升亚甲基蓝全池泼洒，每天一次，连续2天。或用0.4‰的食盐+0.4‰小苏打浸浴。

慎用敌百虫、有机磷药物，以免发生药害。

第二十节　巴西鲷池塘成鱼养殖

巴西鲷，学名小口脂鲤。原产于巴西南部，具有适应性强，生长速度快，食性广泛，养殖成本低，抗病力强，起捕率高（2～3网的起捕率可达100%），肉质细嫩，经济价值高的优点。

一、生物学特性

巴西鲷属热带鱼类，生活在水体的底层。体侧扁，体型与鲤鱼、鲫鱼相似，体色银白，尾叉形，体长为体高的3倍左右。侧线鳞45，胸、腹、臀鳍为红色，背鳍和尾鳍末端发红，背鳍和尾鳍之间有一脂鳍。巴西鲷为杂食性偏植物食性，对水质要求不高，耐低氧，pH 值要求 6.0～7.5，生存温度 9℃～39℃，适宜生长温度为 15℃～35℃，最佳生长水温为 26℃～32℃，水温低于 20℃时食欲下降（图 2－20）。

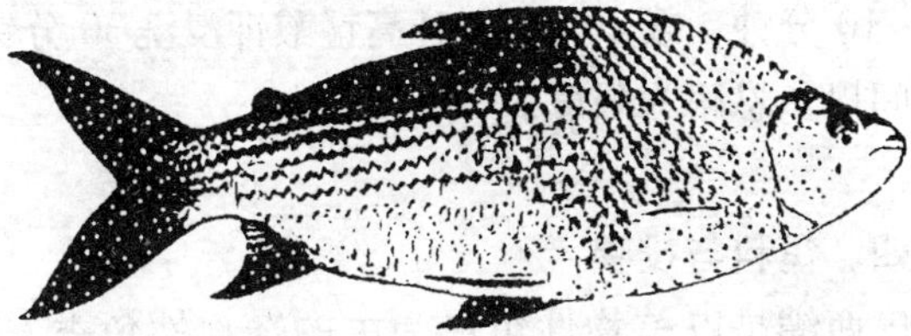

图 2－20　巴西鲷

二、池塘条件

专业池塘和农村山平塘面积不论大小均可养殖，但 1～3 亩的池塘更适宜精养高产。水深 1.5～2.5 米，不渗漏，少淤泥，水源清新无污染，注排水方便，养殖期间水温适宜。

三、鱼种放养

池塘清整按常规进行。鱼种放养前 1～2 周，每亩池塘施有机肥 150～200 千克，注水培养天然饵料，水色以茶褐色、油绿色为宜，透明度 30 厘米左右。当水温达 15℃以上时，巴西鲷摄食量增大，这时可以放养鱼种。

主养巴西鲷：①每亩放养 8～10 厘米越冬鱼种1000

~1200尾，养殖时间为4~11月。②每亩放养当年早繁3~5厘米夏花鱼种1200~1500尾，养殖时间为5~11月。池中搭配50~100克/尾的鲢、鳙鱼150~200尾，以调控水质，提高产量和效益。

鱼种用8毫克/升硫酸铜、硫酸亚铁（5∶2）合剂浸浴5~10分钟，或10毫克/升高锰酸钾浸洗30分钟，浸浴时间以鱼忍耐为限度。

四、饵料与投喂

巴西鲷是以植物性饵料为主的杂食性鱼类，贪食。幼鱼阶段主要以轮虫、枝角类和桡足类为食，也摄食一些绿藻和硅藻。稍大后摄食水生昆虫幼体、水蚯蚓等。成鱼摄食浮游生物，底生、附着的藻类和有机碎屑、水生昆虫、蚯蚓，各种人工饲料，如糠、饼、糟、渣、鱼粉、蚕蛹等，也吃一些萍等水生植物。成鱼养殖生产中，投喂粗蛋白含量为25%~30%的鲫鱼、鳊鱼全价颗粒饵料，粒径为1.5~5毫米。日投饲率幼鱼为8%~10%，鱼种为5%~7%，成鱼为3%~5%。日投饲2~4次。驯化、投饵量控制技术参阅网箱养殖技术。坚持“四定”投饵的原则。

五、日常管理

日常管理工作按常规进行。重点抓好水质调控，通过加注新水，使用生石灰（每15~20天一次，每亩用10~20千克全池泼洒）调节，池水保持“肥、活、嫩、爽”，透明度30厘米左右。定期检查鱼的生长情况，调整投饵量。坚持巡塘，预防浮头、泛池。积极做好病害预防工作。细菌性出血病用每千克饵料含10毫克氟哌酸的药饵投喂2天。同时用0.3毫克/升季铵盐络合碘全池泼洒，隔天一次，连续2~3次。禁用敌百虫、孔雀石绿。必须使用杀虫剂时，可用低剂量（0.05克/立方米以下）的灭虫精。对强氯精一类水体消毒剂，其使用剂量应在0.3克/立方米以下。

第二十一节　苏氏圆腹鲶池塘成鱼养殖

苏氏圆腹鲶又称淡水鲨鱼，是泰国、马来西亚等地的优良淡水养殖鱼类。表光滑无鳞，体形长而侧扁，具脂鳍，体色红白相间和蓝白相间，又称红鲨和蓝鲨。热带性鱼类，水温下限为12℃。具有食性杂，生长快，耐低氧，病害少，适应性强，养殖方式灵活多样等养殖优点。肌间刺少，肉质细嫩鲜美，营养价值高，市场需求量大，养殖效益高，具有广泛的推广养殖价值(图2-21)。

一、鱼池条件

选择向阳，水源充足，水质清新良好，注排水方便的池塘，面积1~3亩，水深2.5米，池底少淤泥，有条件的可配备增氧机1台。按常规清池消毒，3天后加注

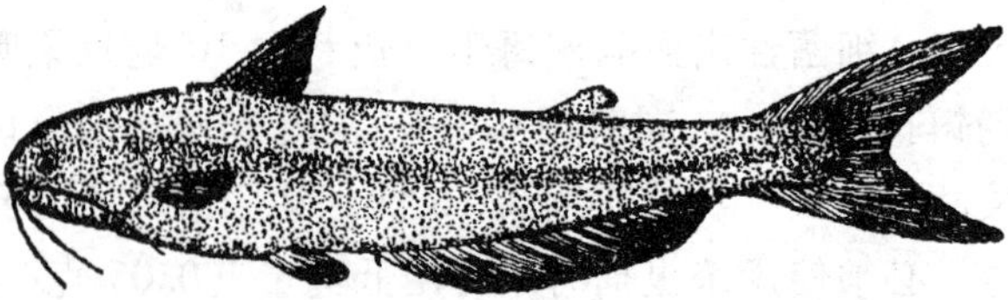

图 2-21 苏氏圆腹𩷶

新水，经试水后药性消失，放养鱼种。

二、鱼种放养

亩放3厘米以上鱼种800~1000尾。鱼种体格强壮，无病无伤，无畸形，用3%食盐水浸浴消毒，视鱼的忍耐程度浸浴10~20分钟。搭配50~150克/尾的鲢、鳙鱼种150~250尾。

三、饲养管理

日常饲养管理按常规。饵料采用粗蛋白含量为28%的人工配合颗粒饵料。投饲技术参照网箱养鱼内容，日投饵量为鱼体重的5%~8%，上、下午各投食一次。每隔15~20天全池泼洒生石灰20毫克/升防病一次。每隔7~10天加注新水一次注水20~30厘米。

蓝鲨的生长速度稍快于红鲨，但市场红鲨价格比蓝鲨高且易销，上市规格以0.5~0.6千克最佳，价格好，市场销量大，规格过大或过小，价格均低。苏氏圆腹𩷶生存的下限水温在12℃，不能在自然状态下越冬，因此，商品鱼必须适时全部起捕上市。

第二十二节　露天土池快速养鳖

露天养鳖的技术特点是成本低、周期短、成活率高(可达90%以上)、管理简单、风险小、效益好。一般经过半年的饲养，鳖均重可达450克以上，每平方米可产鳖3千克。

一、生物学特性

鳖俗称甲鱼、团鱼等，肉味鲜美，营养丰富，是著名的佳肴，深受国内外市场的欢迎（图2－22）。

图2－22　鳖

鳖摄食和生长适宜温度为20℃～35℃，最适温度为27℃～30℃。秋季当水温降至20℃左右时，其食欲与活动开始减弱，15℃左右停食，当水温降至12℃左右时，即进入冬眠状态。3～4月，水温达到15℃以上时鳖开始复苏，当日平均温度稳定在20℃以上时，鳖开始活动，摄食加强。因此5～10月正是进行室外池快速培育鳖的好时机，正常管理情况下，鳖每月增重可达50～100克。

二、室外露天鳖池的基本条件

一般鱼池、土池、稻田、池塘均可养鳖：一要有防逃墙。池周防逃墙高50厘米，向内伸出15厘米，防逃墙内四周留宽1米以上的空地，作为鳖晒背、休息场地，也可在鳖池内用各种板材搭成专门的晒台供鳖休息用。二要注、排水方便。由于鳖养殖期间投饵量大，水质易变坏，需及时加注新水保证良好的水质。一般水质要求溶氧量4～5毫克/升，pH值7～8，透明度20～25厘米，含盐量5‰以下，无污染。三要环境安静。室外露天鳖池要尽可能避开公路、噪声大的工厂以及喧闹的场所，选择阳光充足、环境安静、不受干扰的地方。有条件的可建塑料大棚保暖，延长鳖的生长时间，提高养殖经济效益。

三、鳖的放养

（一）放养前的准备

1. 鳖池消毒

检查防逃设施，进行清塘消毒。消毒多用100～150毫克/升的生石灰或10～20毫克/升的漂白粉，待药性消失后进行放养。

2. 幼鳖的准备

土池快速养鳖的鳖种应选择体重50～100克的幼鳖，按鳖的大小放养到不同的鳖池。避免大小混养造成相互伤残。放养前用3%的食盐水浸浴10～20分钟，或用1∶10 000比例的高锰酸钾浸浴10～20分钟对幼鳖进行药物药浸浴消毒。

（二）放养密度

当水温稳定在20℃以上时放养幼鳖，每平方米6～8只。

四、饲料与投饲技术

人工饲养鳖时可投喂各种禽畜的内脏、新鲜的鱼肉、螺蚌肉、蝇蛆、螺蛳、蚯蚓、蚕蛹、大豆、玉米、高粱（煮熟）、甘薯等，鳖的饲料以动物性饲料为主。人工配合饲料要求蛋白质含量在45%以上的全价饲料。为降低饲养成本，可按下列要求进行调配饲养效果较好。一份人工配合饲料加1%～2%的蔬菜、3%～5%的植物油、3.5～4份（湿重）鲜鱼肉或猪肝等禽畜下杂，充分混合，做成团状。

定点、定时投喂。根据鳖池的大小和鳖的多少，设置饲料台，饲料台为斜坡板状，在饲料台上搭设遮雨棚。团状饵料投放在饲料台上。4～5月每天投喂1～2次。6～10月日投饵2～3次，每天早上6时，下午1时、下午7时各投一次。炎夏季节宜在傍晚投饲。投喂量，4月和10月日投饵率占体重的0.5%～1%，5月和9月投饵率占体重的2%～3%，6～8月投饵率占体重的3.5%，在实际操作中，日投饵量以2小时内基本吃完即可。投饵要坚持“四定”的原则。以保证鳖的正常生长。

五、日常管理

（一）水质调节

用15~20毫克/升生石灰调节水质、硬度、pH值。水中有机物含量过高时加注新水，换水一般在早上进行，换水量为全池的1/4~1/2。注意水温差接近。

（二）坚持巡塘

检查鳖池的进出水口、防逃设施、食台、晒台和池中水质状况。观察鳖的活动和吃食情况，发现病鳖及时捞出并用药物处理后隔离饲养治疗。每月测定一次鳖的生长情况。

（三）分级饲养

由于鳖种的个体差异，经过一段时间饲养个体规格差异加大；当个体悬殊较大时，应按规格大小分级放入不同的鳖池饲养，同时调整各池放养密度，加速鳖的生长。

第二十三节　鳄龟的养殖

鳄龟原产美国，含肉率高达85%~89%，是一般龟的2倍。生长快，年平均增重550~1100克，是一般龟的数倍。鳄龟肉质细腻，味道鲜美，营养价值高。开展人工养殖鳄龟前景广阔（图2-23）。

图2-23 鳄龟

一、生物学特性

鳄龟是水栖龟类，喜安静的环境，白天喜在水中，伏在木头或石块上，有时也漂浮在水面。生活水温为3℃~45℃，最适生长温度20℃~33℃，气温18℃以上正常觅食，34℃以上很少活动，伏在水底及泥沙中避暑，15℃~17℃时尚能少量活动，有些龟能觅食，15℃以下冬眠，10℃以下深度冬眠。-5℃时也不会被冻死，1℃以上可安全过冬。

成体鳄龟性情暴躁、凶猛，能主动攻击人。20~40克的幼体较温顺，不主动伤人。龟被捉住时身体释放出麝香味。鳄龟的腹甲较小，仅有背甲的50%~60%，四肢较长，大腿部发达。前肢强壮的爪攀住物体，后肢和尾支撑地面时能直立。爬行时，四肢将自身支撑起，跨步距离大，速度快。

鳄龟为杂食性。如小虾、小蟹、小鱼、蛆、蜗牛、水蛭、小蛙、蟾蜍、蝾螈等均可食。人工饲养，食小鱼虾、螺、蚌、昆虫、蚯蚓、蚕蛹、蝇蛆、黄粉虫、畜禽内脏及下脚料、膨化饲料、苹果、菜叶等。

二、龟池的修建

选择环境安静、阳光充足、水源充沛、水质良好、注排水方便、溶氧3毫克/升以上、pH值7~8的地方建造。龟池形状面积视地形定，以利于操作、管理方便为宜，一般10~60平方米。池深0.8~1.2米，防逃墙高出地面1~1.5米，顶部向内出檐20厘米，入土30厘米，用水泥浆抹平，墙角为钝角。在池的长边留10%~20%的陆地，底部用水泥浆抹平，防龟打洞、逃逸，上铺20厘米厚的沙土。陆地与水面有25~30°的斜坡，上设饲料台，浸入水中部分为10~15厘米，顶上有遮阴棚。坡上铺木板或泡沫塑料，以防擦伤龟腹，池底铺上沙土。种龟池设产卵场。龟池用15~20克/平方米的漂白粉消毒后使用。

三、繁殖

野生鳄龟第3年产卵繁殖，人工养殖的鳄龟18个月或个体达1千克以上即开始产卵。雄龟体形较大，有较长的尾，泄殖腔孔位于背甲边缘外。雌龟尾短，泄殖腔孔位于背甲边缘内。每年的4~5月、9~10月为交配期，5~11月为产卵期，5~8月为盛产期，产卵时，雌龟晚上上岸寻找开阔的陆地挖洞，洞穴的洞口大，洞底小，往下延伸有一定的弯度，深10~13厘米。洞口的大小因龟的体形大小而不同。每窝卵11~83枚，通常为20~30枚。产卵分3~4批进行，年产卵30~120枚。

卵呈白色，圆球形，外表略粗糙，直径 23～33 毫米，重 7～15 克。孵化箱尺寸为 80 厘米 ×50 厘米 ×8 厘米，箱底钻几个漏水孔，放 5 厘米厚的粗沙，把卵放在沙上（有白色点的动物极朝上）盖 5 厘米厚的细沙，粗细沙均先用开水浸烫消毒。每天检查 1 次，如表层沙面干燥，要淋水保湿，含水量以手握沙成团，松手即散为宜。经 55～125 天的孵化稚龟出壳。孵化温度在 30℃ 以上，20℃ 以下时，稚龟为雌性；孵化温度在 22℃ ～28℃ 时，稚龟为雄性。稚龟重 9.5～12 克，背甲长 24～31 毫米，背甲略呈圆形，黑色，每块盾片上有突起物，背甲后缘呈锯齿状。稚龟出壳后，待其在孵化箱中停留数小时脐带脱落后，用 100 克/立方米浓度的高锰酸钾溶液浸浴 5 分钟，再放入龟池饲养。

四、饲养管理

（一）放养密度

每平方米放种龟 3 只，一雄二雌。或中等个体的龟 9 只（雄：雌为 1∶2），或幼龟 15～30 只，或稚龟 30～60 只，同池龟规格近似。

（二）投饲及管理

投饲应做到“定时、定位、定质、定量”。即喂食的时间相对固定，投饲的地点固定，饲料的质量保证新鲜、大小适口、营养丰富，硬料浸胀，生熟均可，并搭配适量的果菜。投饲量充足、均匀，每次两小时内吃完为宜。切忌时饱时饥，否则易引起龟的消化紊乱。

2～3 月间，根据龟体质状况，在喂食上应掌握量少质高的原则，第一次投喂的量不可过多，以龟体重的1%为宜，日投饲一次，一般在中午左右。20天左右换水一次，换水时，温差不宜超过4℃～5℃，最好新水温度偏高一些，防止引起龟肠胃不适。

春末到深秋，气温较高，龟的吃食、活动量均较大，一般每天喂食两次，上午9时占投饲量的40%，傍晚占60%，以龟在两小时内食完为准。池水透明度30厘米左右，根据水质状况，每5～7天适时加注（换水）新水一次。换水时间在喂食后2～3小时。当水温在32℃以上时，应加深水位达80厘米或遮阳（遮阳面积在20%以上），池内放养浮萍或移入室内等措施防暑。

10月左右，喂食应在气温较高的上午10～11时，下午3～4时换水或捞净残饵，隔天换水。增加投饲量，使龟体内储存的营养物质能保证龟越冬的能量消耗，以保证龟安全越冬。

11～12月，气温不稳定，白天温度高，龟爬动且吃食，而夜晚温度降低，龟则冬眠，在这样的环境中，极易患病。因此，此间若温度升高，切忌喂食。体质健康的龟，应使其自然冬眠。体弱龟或幼龟应移入室内加温，使水温达23℃以上，正常喂食饲养。冬季一般每月换水一次。

在管理上，做到“勤换水，勤观察”，即经常加换新水。龟的饲养管理工作除做好饲料投喂、水质管理外，应每天坚持巡查。对龟的粪便、进食、水质、气温、水温做好记录，发现异常现象及时处理。鳄龟的潜逃能力较强，能直立，能爬树及粗糙的墙面和水泥面，因此需经常检查防逃墙。防逃墙高度应是龟身体全长(头到尾的距离)的2~3倍，以防止龟逃走。鳄龟虽抗病力强，但人工饲养下，由于温度、饲料、水质等方面的因素，龟有时会患病。龟患病很难发现，饲养者必须掌握龟的活动、觅食、水质等情况，及时发现并采取措施。春季是疾病传播的季节，龟易受细菌的侵袭而发病，要做好预防工作。一般每20~30天用10克/立方米漂白粉消毒一次。外伤炎症用抗菌素油膏涂抹感冒可用先锋霉素拌料喂治。肠胃炎可喂氟哌酸。消化不良症服多酶片溶液或酵母片。水霉病用浓高锰酸钾溶液涂病灶处或用食盐水浸浴病龟。

第二十四节　稻田成蟹养殖

稻田养蟹具有投资小、管理方便、经济效益高等优点。蟹稻共生，蟹的粪便可以作为肥料促进水稻的生长，同时，水稻又为河蟹提供了良好的避敌、栖息场所，可获得蟹稻双丰收。

一、生物学特性

中华绒螯蟹又称毛蟹、大闸蟹，(图2-24)。

喜水质清新、阳光充足、水草丰富的地方，栖息在江河、外荡岸滩地的泥穴中。喜食小鱼、小虾、螺、蚬、蚌、昆虫及动物尸体。水温10℃以下在穴中蛰伏越冬，摄食减少或不摄食。每年秋冬，性腺发育成熟的河蟹进行生殖洄游。

河蟹逃逸规律：①生殖洄游时引起大量逃逸。每年 10～11 月生长在各种水域中的河蟹，都要千方百计逃逸。②生活和生态环境改变引起大量逃逸。由于对新环境不适应引起的逃逸，持续时间 1 周，以前 3 天最多。水质恶化迫使河蟹寻找适宜的水域环境逃逸，天气突然变化，尤其是风雨交加时逃逸。饵料严重匮乏时逃逸。了解河蟹逃逸的规律，采取相应的防范措施，是养蟹成功的关键。

图 2－24　河蟹

二、田间工程

选择环境安静，水源充足，水质良好，无工业污染，进排水方便，大水不淹、干旱不干、保水性强的田块。田埂牢固不垮塌，宽 1.5 米以上。面积可大可小，以 10 亩左右为宜。沿田埂内侧 2～3 米远挖环沟，宽 1～2 米，深 1.0 米，坡度为 1∶1.2。视田块大小挖“十”字或“井”字厢沟，厢沟与外环沟相连，厢面种稻，沟内养蟹。田的一端修深 1.5 米、占田面积 5% 的暂养池。田间工程占稻田面积的 15%～20%。进排水口对角设置，用筛绢网扎好，沟、池内种植空心菜、水草等，覆盖面控制在 30%～50%。

田块四周选钙塑板或塑料薄膜等光滑耐用材料设围

栏，上部高出地面40～50厘米，埋入土下10厘米。外侧用木桩或竹桩等支杆每隔1.5～2米支撑固定，顶部用钢丝或结实绳子将防逃膜固定，防逃膜不出现褶，接头处光滑不留缝隙。防逃设施要经常检查维修。

三、蟹种放养

蟹种肢体完整，体质健壮，规格整齐，活动力强，无病，非早熟大规格扣蟹，规格不小于60～100只/千克。

4月购进蟹种，先在暂养池中暂养（长途运输蟹种应先在水中浸泡3分钟，提出水面10分钟，如此反复几次再投入水中），待秧苗返青分蘖后，蟹种用2%～3%盐水浸泡10分钟消毒再放入大田。全田散放，防止局部蟹种过密而相互致残，影响成活率。亩放养量15～20千克。

四、饲养管理

（一）水稻管理

选用耐肥力强、秸秆坚硬不易倒伏、抗病害的丰产水稻品种。宽行密株栽插，并适当增加田边、沟边栽插密度，发挥边际空间优势，增加水稻产量。插秧前一次性施足基肥，一般不必再追肥。稻田养蟹用药必须慎重，插秧前1～2天用药喷洒秧苗。水稻生长期间必须使用农药时，可以选用低毒高效农药等。用药前应先灌深水，再用喷雾器施药，尽量提高药液在稻株上的黏附率，减少药液淋入田中。使用时尽可能避开河蟹集中蜕壳期。

（二）河蟹管理

河蟹对水质条件要求较高，喜欢生活在水质清新、溶氧充足、微碱性或中性水域中。水中溶氧量 5 毫克/升以上，河蟹才能正常摄食生长。水中缺氧，会引起停食和停止蜕壳，甚至引起河蟹死亡。pH 值过低，也会导致蜕壳困难而影响其正常生长发育。因此应适时排、注水。一般每 3～5 天换水一次，每次换水 10 厘米左右。水体交换次数和交换量可依据蟹体大小、水温高低、水质好坏、天气情况等因素灵活掌握。

河蟹饲养过程，除利用稻田中生长繁殖的水草和底栖生物外，应补充人工饲料。动物性的饲料有小鱼、小虾、蚕蛹、蚯蚓、螺肉、蚌肉、鱼粉、血粉、屠宰场下脚料、各种动物尸体、昆虫等。植物性饲料有水草、浮萍、藻类、瓜类、饼类、豆渣、麸皮、米糠等。此外，还可投喂人工配合饲料。

饲料投喂方法：放养初期可投喂鱼糜、猪血、蚕蛹、螺、蚌肉等动物性饲料。中期要以萍类、南瓜、小麦、豆饼等植物性饲料为主。后期食物要以动物性饲料为主，使蟹体积累营养增加个体重。投喂时间在每日下午 4～5 时，以利于河蟹夜间摄食。投喂地点在水沟周围。日投饲量为 5%～10%，根据天气、水温、河蟹摄食情况有所增减，投饲量以次日早上检查吃完为宜。

五、河蟹病害防治

河蟹病害以防为主。一般每半月用生石灰 15 千克/

亩消毒一次，同时根据河蟹生长和活动情况在饲料中掺入添加剂、蜕壳素及抗生素等药物，防病促长。采取有效措施消灭老鼠、青蛙、水蛇、黄鳝、鸟类等。

六、日常管理

坚持每天早、晚巡查。检查蟹的吃食及活动情况，检查防逃设施是否完好，有无敌害入侵田内，以便及早采取措施。

七、适时捕蟹

水稻收割后，即可捕蟹。夜间放水，借灯光诱捕效果最好，可以降低成蟹死亡率。

优质河蟹：规格在 150 克以上，金爪、黄毛、青壳、白脐、肉实、味鲜、水分少，颜色好看，土腥味少。

第二十五节　青虾池塘立体养殖

青虾肉味鲜美，富有营养，颇受国内外消费者的欢迎。适应性强、繁殖力高、食性杂、生长快，5 月孵出的仔虾长到 10 月份，体长可达 40 ~ 50 毫米，体重 2.5 ~4.5 克，具有广阔的养殖前景。

一、生物学特性

青虾学名日本沼虾又称河虾。体形粗短，体色青蓝，并有棕绿色的斑纹。体长 30 ~ 80 毫米（图 2 - 25）。

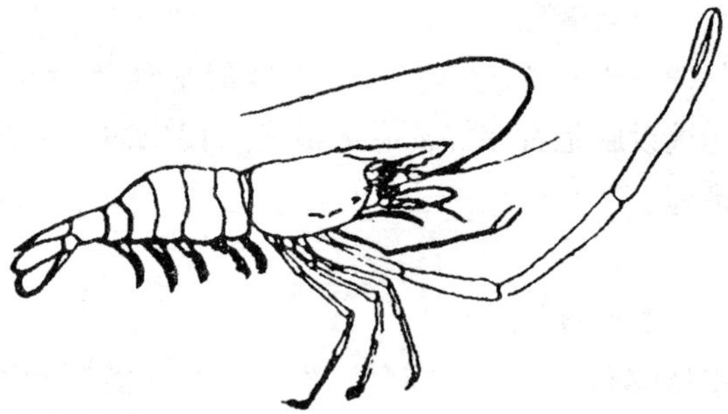

图 2 - 25　青虾

青虾喜栖息在水流较缓、有一定水生植物和淤泥的河流、湖泊、池塘中，栖息深度一般在 1 ~ 2 米。青虾怕强光，喜夜间活动觅食。春季水温较低时，大多数分布在沿岸浅水地带；夏季水温升高，则移居深水区域；冬天水温下降，其活动能力减弱，逐渐转移到水下草丛或石砾等可以藏身的地方越冬。有同类相残的习性。

青虾食性杂。幼虾主要摄食浮游生物，成虾以蚌、螺、鱼类的尸体和水生昆虫幼体、水生植物茎叶、附着藻类、谷类、豆类、有机碎屑等为食。人工养殖，除摄食天然饵料外，还喜食人工投喂的豆渣、黄豆粉、麦粉、螺蛳、蚕蛹、鱼粉、蚯蚓、蝇蛆、豆饼、糠、糟等和配合饲料。摄食方式是用螯足钳住食物，撕碎后送入口中。

青虾生存温度0℃～34℃，10℃以上开始摄食，适温25℃～30℃，30℃以上摄食减少，10℃以下停食。窒息点为1.12毫克/升，一生蜕壳20多次，寿命14～15个月。性成熟较早，约4个月性成熟，并能产卵。繁殖季节4～9月份，产卵适宜水温18℃～28℃，雌虾抱卵数随个体不同而有差别，多的可达5000粒。

二、虾池条件及设施

（一）虾池条件

水源充足，水质清新无污染符合渔业用水标准，进排水方便。面积一般2～10亩，最好3～5亩，虾池坡度一般为1∶2.5～3。因为青虾喜栖息在浅水地带，所以水深一般1.2～1.5米，池底淤泥在10厘米以下。

进水口用40目和60目两道筛绢网过滤，防止敌害的卵和幼体进入虾池。排水口用密网拦阻，防止青虾逃逸。

一般虾池面积5亩以下，配备1.5千瓦叶轮式增氧机一台，配备2.2千瓦潜水泵一台。

（二）虾池设施

青虾游泳能力较弱，只能作短距离游动，一般在水底攀缘爬行，喜欢栖息在浅水地带。根据青虾的这些生物学特性，用10目的无结夏花网片铺设在虾塘中间，以毛竹架固定，离水面30～40厘米，网片按瓦房屋架形状设置，坡度15°～20°，以利青虾上下爬行。每排网片宽30～40厘米，长度因虾池而定。一般5亩以下设2排，5亩以上设4排，网片面积占虾塘面积的20%～

30%。在离池边1米的浅水地带沿虾池四周种植水花生、空心菜、水浮莲等水生植物，宽1米左右，面积占虾池面积的10%～20%。水草移入虾池前用10毫克/升的漂白粉消毒。也可以用细的树枝条捆扎成一个个捆，架设在虾塘的四周，代替种植水草，这样可以避免水草过多使虾池水质清瘦，影响青虾生长；又可防止高温时腐烂，使水质恶化，引起泛塘。人为地增设这些设施，增加了青虾的栖息场所，达到充分利用水体空间增产增效的目的。

三、虾苗的投放

放养前7～10天，每亩用75～100千克生石灰干法清塘。清塘4天后，每亩施发酵过的有机肥300～400千克，注水50～70厘米，培养浮游动物和底栖饵料生物供青虾摄食。这是青虾早期生长阶段成活率高低和生长速度快慢的关键。

5～7月亩放虾苗5～8万尾，规格在1.5厘米以上。或10～12月亩放虾种20～25千克，规格在1000～1600尾/千克。放养虾苗宜在阴天或阴雨天进行，如遇晴天应在一早一晚进行，以免阳光直射，影响放养成活率。虾苗种要一次性放足。

虾苗种放养10～15天后，每亩虾池搭养30克/尾左右的鲢、鳙鱼种80～100尾，或搭养鲢、鳙夏花鱼种200尾，调节水质。

四、饲养与管理

（一）饵料

青虾颗粒饵料与动物性饲料（如螺蛳、河蚌、小杂鱼等）结合。颗粒饵料粗蛋白含量35%～40%，动植物蛋白比为1:1，粗脂肪5%。虾苗下塘30天内为细碎料，30天后投粒径2～4毫米的颗粒。动物性饲料经粉碎后投喂，这样既能满足青虾的营养需求，促进其生长，降低成本，又可避免同类残食。日投饵量控制在虾体总重的10%～15%（鲜料）。每日上、下午各投喂一次，上午8～9时，占日投饵量的1/3，下午6～7时，占日投饵量的2/3，具体视天气、水质、水温以及青虾的摄食情况灵活掌握，一般以1～2小时吃完为度。为了检查青虾摄食情况，在虾塘四周设几个食台进行观察。饵料要均匀地投放在离塘边近1米的水草带边和塘中的网片上。上午以动物性饲料为主，下午以青虾颗粒饵料为主。

（二）定期施肥

养殖过程，根据虾塘的水质情况，定期施发酵过的有机肥培育浮游动物和底栖饵料生物，供青虾摄食。

（三）水质管理

开始水深50～70厘米，水色为黄绿色，以利升温。以后水位保持在80～90厘米，冬季加深到1米以上，以保温越冬。青虾对水质要求较高，对溶氧比较敏感，虾池透明度应保持在35～40厘米，溶氧量5克/升以上，pH值为7～8。

平时每隔半个月加注一次新水，7～9月高温季节，

5～7天换水一次，先排出下层老水，加注新水20～30厘米，以改善水质。适时开启增氧机，增氧机开关应根据天气和青虾活动情况灵活掌握。晴天中午开，阴天清晨开，连绵阴雨半夜开；天气炎热开机时间长，天气凉爽开机时间短，中午开机时间短，半夜开机时间长（半夜开机必须到早上日出后方可停机）；如发现浮头迹象，应尽早开，必要时再加注新水，泼洒高效增氧宝。

（四）日常管理

1. 早晚巡塘

每天早晚巡塘遇闷热天气增加半夜巡塘，仔细观察青虾的活动、蜕壳和摄食情况；要特别注意水质变化。发现浮头迹象，立即采取措施。夏、秋季傍晚下雷阵雨时容易发生严重浮头，须特别注意。

2. 病害防治

每隔15～20天，用生石灰20千克/亩全池泼洒，杀菌补钙，调节水质。

（1）黑鳃病的防治　主要是虾池有机物过多，水质不好，由弧状杆菌感染引起。病虾鳃部呈黑色，有的头胸甲和腹甲侧面均有黑斑，鳃丝坏死，呼吸困难，导致死亡。预防：保持良好的水质。治疗：①0.2～0.3毫克/升三氯异氰脲酸或0.3毫克/升季铵盐络合碘全池泼洒，隔天一次，连泼3次；②用0.1～0.2毫克/升二氧化氯全池泼洒。

（2）红体病（红腿病）的防治　操作不当损伤青虾肢体导致病菌感染。病虾尾柄先变红，逐步扩大到腹部游泳足、头胸部的步足所有附肢，严重时整个腹部呈红色。发病急，死亡率高。即使发现后马上用药，仍会有不少病虾死亡。预防：操作时细致小心，不可损伤青虾肢体。治疗方法同黑鳃病。

3. 轮捕上市

青虾性成熟周期短，虾池中不断有小虾繁生以及生长中个体差异大的特点，采取一次放足，多次轮捕，捕大留小的措施，可减少塘内虾的密度，有利于虾的生长和商品规格、产量的提高，也利于均衡上市获得较好的经济效益。

4. 捕捞方法

一是每亩放置虾笼 2 ~ 4 只，用虾笼诱捕。二是用手抄网在水草下抄捕。三是将塘水放浅，用拉网围捕。四是干塘捕捞。

第二十六节 稻田养殖罗氏沼虾

罗氏沼虾又名马来西亚大虾，原产东南亚。具有适应性强，粗生杂食，个体大，生长快，养殖周期短，产量高，经济效益好，肉嫩味美，高蛋白、低脂肪、高能量，营养丰富的优点，有较好的市场前景（图 2 –26）。

一、生物学特性

罗氏沼虾喜栖息于水质清新、溶氧充足的水体中，透明度要求 25 ~ 35 厘米，溶氧量在 4 毫克/升以上。适宜生

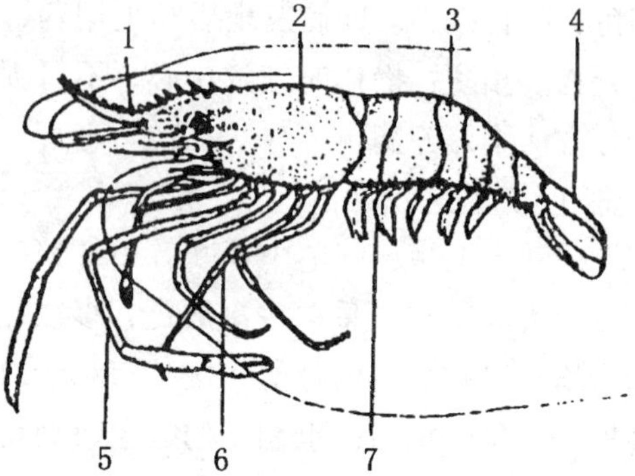

1. 额角 2. 头胸部 3. 腹部 4. 尾节
5. 第二步足 6. 步足 7. 游泳足

图 2－26 罗氏沼虾

长水温为 16℃～36℃，最适生长水温为 24℃～30℃，当水温下降到 14℃或高于 38℃时，会被冻死或热死。罗氏沼虾喜底栖生活，白天栖于水草丛中，晚上出来觅食，用螯足捕捉小动物和有机碎屑，能作短距离游泳。

罗氏沼虾属杂食性动物。人工饲养，刚孵出的幼体主要以丰年虫幼体为食，经 4～5 次蜕皮后个体长大，可以摄食鱼肉碎片、鱼卵、蛋黄等以及其他细小的生物饵料。经过淡水处理后的幼虾则转化为杂食性，主要以水生昆虫幼体、小型甲壳类、水生蠕虫以及有机碎屑为食。成虾食物更杂，动物性饵料包括水生昆虫、软体动物、小鱼、小虾、水蚯蚓等，植物性饵料则包括鲜嫩的水生植物、着生藻类等。人工饲养，各种饼类、麸类、糟渣类、蚕蛹、打碎的螺蛳、蚌肉等都可投喂，专用颗粒饵料效果最好。

二、养虾稻田设施

养虾稻田应选择灌排水方便、无污染、保水力强的田块。加高加固四周田埂（宽1米，高0.5米），视田块大小在四周和中间开挖虾沟并串通，形状可为“丰”、“田”字形。虾沟上口宽1.5~2米，坡比1∶2，水深0.8米左右。在田头挖一占田面积5%的虾塘，以便前期暂养虾苗，虾塘水深1.0~1.2米，四周用薄膜围1米高以防敌害进入，虾苗进入大田时撤除。沟塘总面积占大田的15%~20%，田埂种菜、豆，虾塘上搭瓜架。进出水口安装密眼拦网（进水口用80目、出水口用40目的筛绢）。

三、水稻栽培

选择生长期长、抗倒伏、抗病虫害、产量高的水稻品种。采取宽窄行密植，田埂周围、虾沟两旁可利用边行优势适当密植，弥补沟塘所占用的面积。总穴数2.5万左右，为虾提供良好的活动空间。

四、虾苗放养

气温达到20℃以上时放苗，力争早放。放养密度可视田块条件、饲养管理水平及计划产量灵活掌握。单产25~40千克/亩需放虾苗0.3万~0.8万尾。

五、饲养管理

（一）放养前应对虾沟、塘清整消毒

用生石灰60～70千克/亩全池泼洒，药效消失后，过滤进水。在沟塘中种植水草等附着隐蔽物占水面的1/3，或沟内放树枝、竹篓、竹筒、烂网片等隐蔽物。施肥培水，透明度在30厘米左右，保证有较多的红虫。

（二）虾苗阴天或晴天早上放养，注意温差

不足2～3厘米的幼虾应先在虾塘中暂养，利于提高成活率。前期投喂的饵料以蛋黄、豆浆、鱼糜等为主，量少次多，日投5次，上午7时、11时，下午2时、5时，晚上8时，并以傍晚为主。日投饵量前期为虾重的15%～20%，并适当肥水，培育浮游生物供虾苗摄食。中后期投喂小杂鱼虾、豆饼、麦面或罗氏沼虾专用颗粒饵料，日投饵量幼虾10%～12%、中虾6%～8%、成虾4%～5%，每天投饵2～3次，上午8时、下午5时、晚上8时，饵料应投在浅水岸边或水草丛中。

（三）处理好虾与稻田用水、肥、药的关系

除秧苗晒田外，平时大田水层应保持10～15厘米，晒田应尽量减少次数和时间。每隔3～5天加注一次新水，以满足虾对水质清新的要求。施肥以基肥为主，追肥为辅，以有机肥为主，化肥为辅，不用或少用碳铵等作追肥，以防伤虾。水色为黄绿色或褐绿色，透明度25～30厘米。由于生物防治作用，养虾稻田的水稻很少发生虫害，一般不需用药。如确需用药，可选用高效低毒农药，应使药物喷洒在水稻茎叶上，避免直接落入水中。同时暂时加深水层，以稀释落入水中药物浓度。罗氏沼虾对“六六六”、五氯酚钠、晶体敌百虫特别敏感，0.2毫克/升即死亡，应特别注意。

（四）防病、防害、防逃

养殖过程每 15～20 天用生石灰一次，每次 8 千克/亩。

（五）及时扦捕

罗氏沼虾低于 14℃时停止生长并开始死亡，因此，水温低于 14℃以前必须全部扦捕，将虾集中在虾沟，排水后用网捕捞，最后排干沟塘水捕捉。

第二十七节　刀额新对虾淡化（池塘）养殖

刀额新对虾具有食性杂、生长快、耐高温、抗不良环境能力强、活体运输方便等优点。淡水人工饲养产量可达 100 千克/亩以上，是海水虾淡化养殖很有前途的一个养殖品种，深受养殖者欢迎。又以其壳薄体肥、肉质鲜嫩等特点而深受消费者青睐，市场售价较高。

一、生物学特性

刀额新对虾俗称基围虾，主要分布于我国南方沿海，是一种广盐性虾类。适应盐度范围广，能在 3‰的海水直至淡水水域中生长。生存温度为 5℃～37℃，适宜生长水温为 17℃～32℃，冬季水温降至 5℃～6℃也能生存。栖息底质以沙泥最常见，具有潜底习性。当天气寒冷，透明度大时隐藏在底泥中，深度可达 8～10 厘米；适温期白昼也常潜伏于底质中，仅露出两眼和触须。黄昏时进行捕食，夜间活动较多。对低氧忍受力比对虾强，能在 pH 值 7.0～9.0 水中正常生活。

刀额新对虾为杂食性动物，但偏食动物性饲料。在幼虾阶段类似对虾类，成虾以捕食底栖生物为主，主要摄食底栖生物类、桡足类、游泳虾类、小型短尾类、多毛类、双壳类以及底栖硅藻等。

刀额新对虾在海水中进行人工繁殖，虾苗进入淡水中养殖时必须彻底淡化处理。

二、养殖场地选择

（一）虾池

虾池条件基本上与养鱼池相同，可利用原淡水养鱼池塘进行养殖。要求水源充足，水质好，pH 值 7.5 左右，透明度大，无污染。泥沙底质，土质坚实，面积以 2～10 亩为宜，水深 1.2～1.5 米，长方形为佳。池堤坡比 1∶2～2.5，池底坡比 1∶3 以便排水。有独立的进排水渠，排灌方便，进排水闸双层，一层闸板一层 65 目筛绢过滤网。

（二）清塘

新开的虾池，曝晒 2～3 天即可进水，老塘则需清淤曝晒一冬，清除塘边杂草，并严格清塘。在虾苗放养前 20 天，用生石灰 100 千克/亩，在小水坑中化开趁热全池泼洒。清塘 7～10 天后，即放苗前 7～10 天，进水口用 80 目筛绢过滤进水，水深 50 厘米，选择晴天施放肥料以培养池中基础生物饵料。用发酵熟化的有机肥如人粪尿、鸡粪、猪粪等 100～150 千克/亩，均匀撒开；或用无机肥尿素2000克/亩，过磷酸钙1000克/亩，全池泼洒；隔日以等量追肥一次。一般 7～10 天水色转肥呈浅黄绿色，透明度在 30 厘米，表明水中生物饵料较为丰富。测定水温、pH 值，条件均适宜则可以投放虾苗。

三、虾苗放养

（一）苗种淡化

虾苗必须淡化至池水比重 1.003 以下才可直接移入淡水养殖，淡化处理是个循序渐进的过程，须历时 1 周以上为好。

（二）苗种质量

要求苗种体长在 0.7 厘米以上，体质健壮，弹跳有力，体表外观清洁整齐。虾苗运到目的地后，运输苗种充氧袋内的水温应调节到与养殖池水温接近。

（三）放苗量

单养基围虾，体长 0.7～1.0 厘米虾苗每亩放苗 3 万～5 万尾。或放经过暂养体长 2.5 厘米以上的虾苗 2.5 万～3.0 万尾。

四、养殖管理

（一）水质管理

水质要求 pH 值为 7～8，溶氧不低于 4 毫克/升，水色以黄绿色为好，透明度在 30～40 厘米。放养前期每隔 5 天左右加水 10 厘米，夏季高温季节一般 1～3 天加水一次，加至最高水位。平时勤巡塘，经常换水，改善水质。有条件的池塘最好配备增氧机。

（二）投饵管理

虾苗下塘养殖前一个月主要依靠塘中浮游动物作为饵料或辅以少量的细微颗粒饵料，一个月后以人工配合饵料（虾料）为主，辅投淡水贝类、杂鱼。配合饵料日投饲 4～5 次，设置饵料台，以便检查摄食情况。投饵量根据季节、水温和水质等情况灵活掌握。如水温在 20℃～30℃时基围虾摄食旺盛，应做到多投饵料，水温低于 15℃时则少投饵料。

（三）病害防治

坚持以防为主的原则，养殖期间，每月用生石灰 15 千克/亩泡成乳液全池泼洒，以杀灭病菌和驱除敌害，同时可补充钙质促进虾蜕壳生长。饲养 40～50 天后若池内敌害生物逐渐增多，须及时进行中期清塘。单养虾的池塘可用茶子饼（干重）每立方米水体 8～10 克（使用时将茶子饼捣碎，用水浸泡 12 小时，取其汁全池泼洒），既能杀死虾池内的野杂鱼，又不会影响虾的正常生长。

五、捕捞与运输

（一）收　捕

一般在淡水池塘中养殖60～100天，可达7～10厘米长的商品规格。采用轮捕方法捕大留小。常用捕捞方法有：第一，拉网捕虾。借用拉网渔具，在底质平坦的池塘一般三网起捕率在70%以上。第二，陷阱（或地笼）网收捕。夜间、清晨虾有喜沿池边群游的习性，一般傍晚下网，第二天早晨收网。此种收捕方法可陆续向市场供应活虾。第三，放水收虾。根据虾在黄昏或黎明前后活动能力强的习性，在傍晚5～6时或凌晨4～5时开启闸门放水收虾，水流应慢。

（二）活虾运输

基围虾耐干能力强，较长时间离水不易死亡，长途运输可采用尼龙袋充氧运输、容器加水充氧运输等方法。冬季气温低短距离运输可采用干法运输，运输时要注意保持虾体湿润，尽量分层分匀装运，不要重压，以提高运输的成活率。

第二十八节　棘胸蛙的养殖

棘胸蛙肉质洁白脆嫩，味极鲜美，营养丰富，含高蛋白，低脂肪。具有一定的药效，也是一种难得的山珍和高级天然保健食品，素有“蛙中皇后”之称。棘胸蛙适应性强，易饲养，繁殖种苗多，生长快，产量高，销路广，经济价值高，是国产优质蛙养殖品种，可在山沟、池塘、稻田等饲养。

一、生物学特性

棘胸蛙俗称石蛙、石鸡。成蛙体长 10～15 厘米，体重150～300 克。体肥壮，四肢粗大，后趾间全蹼。体色依其生活的环境和年龄而不同，一般为黑色、黄褐色，上有若干不规则的黑褐色斑纹分布。皮肤粗糙，背及腿具有疣状突并有小刺状物，瞳孔菱形。性成熟的雄蛙，胸部布满呈棘状的肉刺，腹部无棘刺呈淡黄色。雌蛙胸部无棘刺，腹部光滑呈白色。水陆两栖生活，有一定的爬壁和跳跃能力。6℃时进入半冬眠状态，正常活动的温度为 10℃～30℃，生长适宜温度为 18℃～26℃。蝌蚪期食浮游生物，幼蛙、成蛙主食昆虫等动物性饵料。人工养殖可投喂蚯蚓、黄粉虫、蝇蛆等。

二、养殖场地选择及蛙池建造

养蛙场宜选择在水质良好，注排水方便，环境安静，冬暖夏凉，交通方便，电力、通讯设施具备的地方。蛙池建在室内或室外。室内要求通风、凉爽；室外可搭凉棚，棚下建蛙池，要求无太阳光直射。养殖场四周建 1.2～1.5 米高的围墙或网栏，入地 10～30 厘米。

各池进排水设备、防逃墙、遮阳棚齐备。池形以长方形为宜，以便于管理。成蛙、亲蛙池面积 50～200 平方米，防逃墙高 1.2 米，水深 0.1～0.3 米，池底向排水口倾斜，铺上小石子；水面设数个饲台，饲台以木条钉成箱体，底部用7～10目的聚乙烯网，网底在水下2～3厘米，面积1～2平方米，上搭遮阳棚。产卵池面积1～1.5平方米，池底分水陆两部分，水陆面积比为6∶4，设饲料台，其他构造同成蛙池，水深0.2米，石穴用砖瓦搭成，20厘米×15厘米×15厘米，石穴在水面下2～3厘米。孵化池一般用产卵池代替。蝌蚪池面积10～20平方米，水深20～30厘米。幼蛙池面积20～50平方米，构造同成蛙池。

三、人工繁殖

种蛙池越冬水深0.5米，以利冬眠。繁殖应选择个体较大、发育良好，雄蛙前肢发达，棘突出而明显；雌蛙腹部较大，后肢强壮，体质健壮，无病无伤的成蛙作繁殖之用。雌蛙体重最好在150克以上，雄蛙200克以上。每平方米放养10～15只，雌雄蛙比例为2∶1。亲蛙培育所用的鲜活饵料主要是鲜活小杂鱼、蚯蚓、黄粉虫等，用灯光诱捕昆虫投喂。投饵时间傍晚天黑前一次，日投饵量为亲蛙体重的10%左右，以2小时后基本吃完为准。

每池放雄蛙1只，雌蛙2只，产卵池每天缓水流淌。产卵期水温为18℃～26℃，17℃左右开始交配，抱合成对的蛙进入水下洞穴产卵。一般自然繁殖的受精率可达90%以上。捞出种蛙，开始孵化。孵化水深20～25厘米，要求水质清新、溶氧丰富，采用微流水，每平方米可放蛙卵2000～3000粒。孵化水温20℃～23℃时，10～12天孵出蝌蚪，水温25℃～28℃时，8～9天就可孵出蝌蚪。如果水质良好、管理妥当，孵化率可达 80% 以上。

四、蝌蚪饲养

孵出 3～4 天后卵黄囊消失，肠管沟通开始吃食后，将蝌蚪放入蝌蚪池中饲养。蝌蚪池水深 30～40 厘米，pH 值 6.5～7.0。放养密度每平方米1000～2000尾，孵出 15 天后每平方米 600～800 尾，饲养中采用分级分疏饲养，密度逐步降到每平方米 100～200 尾。

蝌蚪属杂食性。植物性饲料有豆浆、蔬 1 菜、浮萍、麸皮、玉米粉等。动物性饲料有鱼粉、蚕蛹粉、蚯蚓等。孵出 3～4 天后开始投喂浮游动物或熟蛋黄（蛋黄用 40 目的纱布过滤，取滤液全池泼洒），经 3～4 天，再用豆浆、鱼粉等投喂。10～15 天后逐渐投喂煮熟的嫩菜叶、玉米糊、熟鱼糊、熟蚯蚓、虾料等，日投饲 4～2 次，投饲量为蝌蚪体重的 3%～10%，每次半小时吃完即可。蝌蚪饲养 50 天左右开始长出后肢，此时应投喂动物性为主的糜状饲料。再过 15 天左右开始长出前肢，此时尾部开始被吸收，蝌蚪停止觅食进入变态期。蝌蚪完成变态约需 10 天，这一期间，饲料应少投甚至不投。

变态期池中投入浮性板材 4～8 个，每个 1 平方米，方便变态幼蛙登陆。夏季高温季节，水中残饵易污染水质，应勤换水，保持水质清新，加注水温较低的山溪水（或井水）降温，促使蝌蚪迅速生长。蝌蚪变态期间，尽量减少惊动，使池内光线暗淡、水浅、水质清新。

一般情况下，刚孵出的蝌蚪变态成幼蛙需要 70～80

天。对4~7月份孵出的蝌蚪应加强饲养管理，增加饲料中动物性饲料的比例，多喂鲜活蚯蚓等，保证当年7~9月完成变态。而8~9月份孵出的蝌蚪应合理控制投饲量，少喂动物性饲料，不使其当年变态，以蝌蚪形式越冬，降低死亡率。

五、幼、成蛙饲养

大小蛙分开饲养以利生长。一般4~5克的幼蛙200~400只/平方米，20克以上幼蛙150~200只/平方米，50克的幼蛙100~150只/平方米，100克以上的幼蛙80~100只/平方米，150克以上50~60只/平方米。蛙的放养密度应考虑水质、饵料以及饲养管理水平灵活掌握。放养时用10毫克/升高锰酸钾浸泡消毒。

变态10天之内的幼蛙和越冬后的幼蛙体质弱，采食量和消化力较差，此时应投喂小蝇蛆、小蚯蚓（大平2号），饲料用10毫克/升的高锰酸钾浸浴数分钟，滤去水滴，放入食台，投饵量以保持池内饵料略有剩余为宜，投喂时间早上和傍晚各一次。变态10天以后的幼蛙消化和呼吸功能正常，投喂的蝇蛆、蚯蚓、黄粉虫可逐渐增大，投饵量掌握在幼蛙体重的5%~7%，略有剩饵为准。20克以上的幼蛙进入成蛙池（也可野外半人工养殖），饲料以鲜活饵料为好，如小鱼虾、昆虫、蚯蚓、黄粉虫等，池中可放养部分小型野杂鱼，日投饵量为蛙体重的10%~15%，早、晚2次投喂，每次以2小时吃完为宜。20克以上幼蛙通过驯化，可投喂浮性颗粒饵料。养殖期间保持蛙池环境安静，池内光线暗淡，池内水深为20～30厘米，水质要求与蝌蚪期相同。夏季高温季节每天换水一次，水温控制在26℃以下。饲养期间，视幼蛙生长情况，进行大小分级饲养。投饲坚持“四定”。

六、越冬管理

水温低于10℃时，蝌蚪即进入休眠状态，潜伏水底，不食不动。越冬时，室内池水深保持20厘米，微流水；室外池加深水位，池底放入一些瓦片，并以草、薄膜等加盖保温。室内池幼蛙冬眠水深为15厘米左右，以不淹没洞穴为宜，并留有一定的陆地。室外蛙池加深水位越冬，水面放置一些浮板供蛙栖息。遇低温、冰冻天气，应采用草垫、塑料薄膜加盖保温防冻，晴天可掀开薄膜让阳光照射，晚上封盖。冬眠不需投饲。气温回升后，蛙开始活动并摄食，水温8℃以上，棘胸蛙开始捕食。水温12℃以上正常捕食，一般10℃以上开始对越冬蝌蚪和幼蛙投饲。

七、日常管理

彻底清池消毒，饵料也应消毒处理，平时做好清洁卫生。每次分养时，对蝌蚪、蛙用10毫克/升高锰酸钾浸浴10分钟消毒。

及时加注新水，每隔15～20天用20毫克/升的生石灰泼洒一次，调控水质，保持水质清新，并对食场消毒。饵料品种多样、鲜活，投饵量足。防鼠、蛇、鸟等危害，防逃。

常见病治疗：

红腿病和红斑病：蛙体后肢红肿，出现红斑或红点，严重时溃烂，也有在其他部位出现上述病症的。防治方法：①用10～20毫克/升高锰酸钾浸泡蛙10分钟左右一次，或40万单位庆大霉素浸泡3～5分钟，每日2次，连续2～3天；②口服土霉素2～5片/千克料，或磺胺类2～5片/千克料，连续用药3～6天。磺胺类第一次用药5片/千克料，以后减半；③全池0.5～1.0毫克/升聚维酮碘泼洒，隔天一次，连续2～3次。

胃肠炎：胃酶片或酵母片，1～2片/千克料。

浮肿病：蛙体皮肤下形成黄豆大小的肿块，造成死亡。防治方法：10毫克/升蛙嘧喹酸连投3～5天，外用10毫克/升高锰酸钾浸浴。

烂掌病：由于蛙池底过于平滑，感染发炎引起。铺上泥沙或石子即可防止再发生，同时用高锰酸钾浸浴，用0.2毫克/升季铵盐络合碘全池泼洒1～2次。

八、菜地养蛙技术

菜地养蛙，生态结合，利用蛙捕食昆虫的习性，达到减少或消灭虫害的目的。因为不使用农药，既节约了成本，蔬菜食用也安全放心。选择1～1.5亩的菜地，四周用塑料薄膜或网片围起1.2米高的防逃墙防止蛙逃跑。在菜地四周挖一占菜地面积5%的沟，沟深1米，蓄水 30 厘米。按正常蔬菜种植季节种植蔬菜，4 ~ 5 月按菜地面积每平方米投放一只幼蛙，适当投饵。菜地无需药物治虫，即可达到灭虫的目的。蛙养殖至 10 月下旬，可长至 0.2 ~ 0.25 千克/只，而且蔬菜长势良好。